NUCLEARFOBIA

PERCEPÇÃO PÚBLICA DA ENERGIA NUCLEAR E ESTRATÉGIAS PARA UMA MELHOR COMUNICAÇÃO

NILTON DE ARAÚJO MONTEIRO

AGRADECIMENTOS

À Profa. Vívian Borges Martins pela orientação, paciência, pelas dicas cruciais que deram novos rumos à pesquisa, pela motivação, pelas cobranças de valor inestimável, pelo apoio no desenvolvimento do trabalho, e pela confiança em mim depositada.
Ao amigo Jonni Guiller Ferreira Madeira, pelo apoio, horas de estudos e motivação durante todo o mestrado.
À Liliane, Jô e aos professores do Programa de Engenharia Nuclear, pelo empenho em resolver rápido e da melhor maneira possível nossos problemas acadêmicos.
À minha esposa, Rachel Ribeiro Couto Rodrigues, cujo amor, carinho e dedicação foram vitais para o meu sucesso.
Aos meus amigos Alexander Debossam, Moises Sardenberg e Paulo José, pelas palavras de incentivo, sugestões e ajuda com a divulgação do questionário.
À minha madrinha Glória Alice pelas correções, incentivo e dedicação a minha vida.
E por último agradeço a Deus! Por ser a minha fonte de amor e bons sentimentos, onde busco encontrar serenidade para aceitar as coisas que não posso modificar, coragem para modificar aquelas que posso, e sabedoria para distinguir uma da outra. Texto adaptado de Reinhold Niebuhr, YUN (1999).

*"... Essa felicidade que supomos,
Árvore milagrosa, que sonhamos
Toda arreada de dourados pomos,
Existe, sim: mas nós não a alcançamos
Porque está sempre apenas onde a pomos
E nunca a pomos onde nós estamos."*

VICENTE DE CARVALHO

CONTENTS

Title Page	1
Dedication	3
Epigraph	4
PreFÁcio	7
1. INTRODUÇÃO	9
2. REVISÃO BIBLIOGRÁFICA	21
3. FUNDAMENTOS TEÓRICOS	30
4. METODOLOGIA	40
5. PESQUISA DE OPINIÃO E RESULTADOS DESCRITIVOS	81
6. CONCLUSÕES E RECOMENDAÇÕES	107
REFERÊNCIAS BIBLIOGRÁFICAS	114
Anexo A – Divulgação do Questionário	124
Anexo B – O Questionário	127

PREFÁCIO

Este livro é o resumo da Dissertação apresentada à COPPE/UFRJ como parte dos requisitos necessários para a obtenção do grau de Mestre em Ciências (M.Sc.)
O objetivo é avaliar as expectativas acerca da energia nuclear, ou seja, montar um painel no qual se possa ter uma visão geral de como se apresenta o conhecimento e a aceitação relacionada à energia nuclear, assim como a identificação dos principais atores que influenciam positiva ou negativamente a comunicação. Para isso foi utilizado um inquérito online sobre o tema, onde se obtiveram respostas de diversos alunos de cursos universitários, pós-graduação e ensino médio de diferentes instituições públicas e privadas do Rio de Janeiro e até mesmo de outras regiões do Brasil.
Este trabalho estuda fatores importantes da percepção e comunicação de risco, comparando outros setores de produção de energia com o setor nuclear. Verifica-se que apesar do pequeno histórico de acidentes, danos ambientais e humanos das usinas nucleares em comparação com os outros setores, a percepção do risco é muito severa em relação às demais. A questão da comunicação de risco na área nuclear precisa ser revista, novas questões e estratégias devem ser criadas para que os conceitos sejam transmitidos à população de forma eficiente.

1. INTRODUÇÃO

A indústria mundial de geração elétrica nuclear já acumulou mais de 14.000 reatores-ano de experiência operacional do final da década de 1950 até hoje. A IAEA informa que existem hoje 434 reatores nucleares em operação no mundo, distribuídos por 30 países (Tabela 1), porém concentradas naqueles mais desenvolvidos, que respondem atualmente por 16% de toda a geração elétrica mundial.

Tabela 1: Reatores em operação no mundo.[1]

434 Reatores em Operação		
País	Unidades	Total MW(e)
AFRICA DO SUL	2	1800
ALEMANHA	9	12068
ARGENTINA	2	935
ARMENIA	1	375
BELGICA	7	5927
BRASIL	2	1884
BULGARIA	2	1906
CANADA	18	12569
CHINA + TAIWAN	21	16060
COREIA DO SUL	21	18698
ESLOVAQUIA	4	1816
ESLOVENIA	1	688
ESPANHA	8	7514

FINLANDIA	4	2716
FRANÇA	58	63130
HOLANDA	1	482
HUNGRIA	4	1889
INDIA	20	4391
IRÃ	1	915
JAPÃO	50	44102
MEXICO	2	1300
PAQUISTÃO	3	725
REINO UNIDO	18	10137
REP CZECA	6	3678
ROMENIA	2	1300
RUSSIA	33	23643
SUECIA	10	9298
SUIÇA	5	3263
UCRANIA	15	13107
USA	104	101240
Total:	434	367.540

Dezesseis países dependem da energia nuclear para produzir mais de um quarto de suas necessidades de eletricidade. França e Lituânia obtêm cerca de três quartos de sua energia elétrica da fonte nuclear, enquanto Bélgica, Bulgária, Hungria, Eslováquia, Coréia do Sul, Suécia, Suíça, Eslovênia e Ucrânia, mais de um terço. Alemanha e Finlândia geram mais de um quarto, enquanto os Estados Unidos, cerca de um quinto. A matriz energética do Japão, antes do acidente de Fukushima, dependia de mais de um quarto da energia nuclear. Atualmente, com o fechamento de quatro reatores nucleares, sua fração diminuiu.

Toda usina de energia, independentemente de seu combustível, é projetada para uma determinada vida útil que pode ser estendida na maioria dos casos, a partir da qual não será mais econômico operá-la. O termo descomissionamento é usado para descrever toda a gestão e ações técnicas associadas com o término de operação de uma instalação nuclear, seja pela vida útil, motivos políticos ou acidentes. De acordo com a WNA (2013), os reatores que foram descomissionados devido a acidentes que, de alguma forma, causaram danos irreversíveis aos mesmos se resumem, até hoje, a 11 reatores, conforme indica a Tabela 2.

Tabela 2: Reatores fechados após algum acidente (11 unidades), WNA (2013).

Países	Reator	Tipo	MWe líq.	Anos de Operação	Data de Fechamento	Motivo
Alemanha	Greifswald 5	VVER-440/V213	408	0,5	Nov/89	Derretimento parcial do núcleo
	Gundremmingen A	BWR	237	10	Jan/77	Erro de operação no desligamento do reator
Japão	Fukushima Daiichi 1	BWR	439	40	Mar/11	Derretimento do núcleo por perda de refrigeração
	Fukushima Daiichi 2	BWR	760	37	Mar/11	Derretimento do núcleo por perda de refrigeração
	Fukushima Daiichi 3	BWR	760	35	Mar/11	Derretimento do núcleo por perda de refrigeração
	Fukushima Daiichi 4	BWR	760	32	Mar/11	Destruição por explosão de hidrogênio
Eslováquia	Bohunice A1	Prot. GCHWR	93	4	1977	Núcleo danificado por erro de carga do combustível
Espanha	Vandellos 1	GCR	480	18	Jun/90	Incêndio da turbina
Suíça	St. Lucens	Exp. GCHWR	8	3	1966	Derretimento do núcleo
Ucrânia	Chernobyl 4	RBMK LWGR	925	2	Abr/86	Incêndio e derretimento do núcleo
USA	Three Mile Island 2	PWR	880	1	Mar/79	Derretimento parcial do núcleo

Apesar do pequeno histórico de acidentes, os poucos ocorridos tiveram enormes repercussões negativas. Porém, o mundo tomou conhecimento sobre a energia nuclear através da bomba atômica utilizada pelos americanos nas cidades japonesas de Hiroshima e Nagasaki, marcando o fim da Segunda Guerra Mundial em 1945. A tragédia japonesa marcava o nascimento da nova tecnologia, que se tornaria referência para os países que buscavam fontes alternativas de energia.

A primeira usina nuclear do mundo, com propósito civil, foi construída na Rússia, na cidade de Obninsk. O projeto foi iniciado em janeiro de 1951 e teve sua construção concluída em junho de 1954. O Brasil criou em 1951 o Conselho Nacional de Pesquisa (CNPq) com o objetivo de desenvolver conhecimentos no campo da Física e em especial, no campo da Física Nuclear. A primeira usina nuclear do país, Angra 1, foi construída em Angra dos Reis, no Rio de Janeiro, e o início de sua operação ocorreu no ano de 1984.

Durante a "Guerra Fria" entre os Estados Unidos e a antiga União Soviética, na qual ambos buscavam aumentar seus arsenais nucleares, restrições foram impostas ao conhecimento e principalmente às etapas de enriquecimento de urânio. Tais restrições fizeram aumentar a desconfiança entre os jornalistas, políticos e representantes dos setores mais significativos dos formadores da opinião pública mundial.

Ao mesmo tempo em que isso ocorria, a geração de eletricidade de origem nuclear passava por um aumento significativo. Em 1980, a quantidade de reatores nucleares no mundo era de 245 unidades e, entre as décadas de 80 e 90, houve um aumento de 178 unidades.

A estagnação ocorreu principalmente após dois grandes acidentes, nas usinas de Three Mile Island, unidade 2 (nos Estados Unidos, em 1979) e Chernobyl (na Ucrânia, em 1986). Algumas outras ocorrências, na área política e referente à qualidade da divulgação das informações, contribuíram para o questionamento das tecnologias e procedimentos de segurança, com reflexos nos custos da energia, GUIMARÃES (2001). Contudo, apesar do número de reatores não ter aumentado significativamente após 1990, a eficiência dos reatores nucleares aumentou, e os reatores existentes passaram a gerar mais energia, melhorando seu desempenho econômico.

A partir do início do século XXI, o cenário mudou. Os atentados terroristas de 11 de setembro de 2001 e seus desdobramentos, incluindo a invasão do Iraque, alteraram o panorama mundial de segurança geopolítica. Por vários motivos (no mundo todo), a ameaça de interrupções no fornecimento de petróleo e gás natural tornou prioritária a segurança energética, isto é, a necessidade de reduzir importações de combustíveis. Com exceção do carvão, os preços dos combustíveis fósseis aumentaram, tornando as fontes renováveis e as nucleares relativamente mais competitivas.

Baseado nos princípios do desenvolvimento sustentável, as mais recentes análises de ciclo de vida das várias opções de geração elétrica não conseguem elaborar um cenário para os próximos 50 anos, em que não haja uma significativa participação da fonte nuclear, GUIMARÃES (2011). Porém, como fica o posicionamento da população frente a isso tudo? Como identificar os fatores positivos e negativos nesse contexto?

Ainda persiste a percepção pública de que a energia nuclear é insegura, danosa ao ambiente, de alto custo e centralizada em governos. Tal percepção fica evidente ao resgatar-se o fato ocorrido no Estado de São Paulo em julho de 2009, noticiado em jornais de grande circulação e em telejornais. A Eletronuclear, quando iniciou a procura por um local para a construção da chamada "segunda central nuclear do Sudeste" no baixo rio Tietê, provocou uma manifestação contrária com cerca de cinquenta prefeitos da região, que foram às ruas protestar contra a intenção do Governo Lula.

Entretanto, em oposição às percepções negativas, temos também uma corrente de divulgação sobre os ganhos, por parte das centrais termonucleares, referente aos efeitos nocivos provocados pelos gases do efeito estufa. Isso vem gerando uma mudança de opiniões dos ambientalistas e do público em geral.

A geração de energia elétrica por intermédio da fonte nuclear é cercada de críticas, mitos e lacunas nas informações a respeito da eficiência, da segurança e da economicidade das usinas nucleares, RONDINELLI (2012). A informação, por si só, não pode mudar a opinião pública de forma significativa ou atenuar todas as preocupações e medos. No entanto, a falta de informação ou a propagação distorcida da informação levam ao fortalecimento da resistência e da hostilidade pública que, por sua vez, poderá restringir cada vez mais a opção nuclear. A divulgação negativa por parte de toda a mídia, emitindo opiniões sem qualquer sustentação acerca dos perigos da utilização da energia nuclear, acaba complicando mais o cenário no qual se pretende diminuir a distância entre o risco informado e o risco percebido nessa área. Essas divulgações negativas propagadas a esmo, podem gerar lendas e mitos sobre a energia nuclear.

O mito é uma narrativa, um discurso, uma fala. É uma forma de as sociedades espelharem suas contradições, exprimirem seus paradoxos, dúvidas e inquietações. Pode ser visto como uma possibilidade de se refletir sobre a existência, as situações de "estar no mundo" ou pode ser visto como uma reflexão sobre as relações sociais, ROCHA (2010).

Alguns autores como LEMINSKI (1994), HORKHEIMER (1976) e ADORNO (1992), possuem uma visão diferente quanto ao mito. Essas visões serão discutidas sobre as lentes do interesse maior deste trabalho, que adentra nas ciências literárias e, que consiste em saber como superar e mudar as concepções percebidas erradamente que viraram lendas e mitos ao longo dos anos.

"Fundamental recuperar o pleno sentido da palavra 'mito', vocábulo grego que, entre nós, acabou sub-significando 'mentira', 'falsidade', 'patranha', 'enganação'. Não é o sentido original. 'Mito' é palavra fundadora, a fábula matriz, a estrutura primordial, leitura analógica do mundo e da vida. Sobretudo, uma leitura criativa. Ideogrâmica. Uma cocriarão. O mistério da vida se explica com os mistérios das fábulas. As fábulas contêm a chave semântica última dos eventos e efemérides. Mito, filosofia, ciência. O mito é um dos explicadores. O mais antigo, donde os outros saíram. Mas não é uma forma superada. Um mito não se supera. A Física de Ptolomeu ou a Química de Lavoisier podem ser superadas. O Mito de Édipo não pode. Ele é o que foi, e assim será, para sempre. Como todo mito, é uma leitura absoluta das essên-

cias." (LEMINSKI, 1994).

LEMINSKI (1994) afirma que o mito não pode ser superado, devido ao contexto entre mito e ciência, tratado à confluência turva do esclarecimento, onde todo conhecimento de textos bíblicos, histórias de deuses e de divindades da natureza, provirem dos próprios mitos. Ao julgá-los, se cai na órbita do mito, repetindo o processo novamente. *"O mito já é esclarecimento e o esclarecimento acaba por reverter à mitologia"* (ADORNO e HORKHEIMER, 1997).

Sem grande rigor, científico é aquilo que pode ser comprovado sob as mesmas condições em diferentes espaços e temporalidades. É aquilo que não se dá aqui ou ali, sob as sombras do oculto e misterioso, mas algo que pode ser examinado pela experiência empírica e que, portanto, no fim das contas adquire a qualidade de universal pelo mérito de ter-se comprovado pela repetição, HORKHEIMER (1976). O mito e a ciência se entrelaçam pela repetição, ou seja, o seu critério de verificação e contraprova de sua eficácia, continua sendo a *repetição*.

Essas condições permitem explicar, na dialética própria do esclarecimento, a tese segundo a qual "os mitos que caem vítimas do esclarecimento já eram o produto do próprio esclarecimento". Ou seja, o mito se converte em esclarecimento, enquanto a natureza em objetividade. Segundo ADORNO e HORKHEIMER (1997), os homens se libertam das potências míticas da natureza, ou seja, o processo de racionalização que segue na filosofia e na ciência.

Neste sentido, faz-se necessário saber como os mitos que cercam a energia nuclear influenciam negativamente a opinião pública, assim como é de vital importância esclarecer as 'assertivas' antinucleares mais comuns, que causam preocupações na população, tendo em vista que as centrais termonucleares estão se tornando cada vez mais populares, despertando interesse em todo o mundo, devido a fatores políticos, econômicos, sociais e ambientais.

1.1 Objetivo Geral

Geralmente no decorrer do período eleitoral, observa-se que as pesquisas de opinião pública revelam intensas flutuações acerca das intenções de votos, pois a opinião dos eleitores muda. A opinião é algo efêmero quando não se está calçado pelo conhecimento, porém as expectativas ultrapassam tal fugacidade.

Segundo comenta SIMÕES (1995), para a atividade de relações públicas, a expectativa é um elemento muito mais importante a ser pesquisado do que a opinião. Segundo ele, a opinião muda muito rapidamente, e essa volatilidade, inerente à opinião, não permite que se projetem ações comunicacionais a médio e longo prazo. Já a expectativa, que é permanente, passível apenas de mínima oscilação, permite aos profissionais de relações públicas tomarem decisões mais acertadas.

A 57ª eleição presidencial norte-americana, que foi realizada em 06/11/2012, representa um exemplo recente do argumento supracitado. Considerando apenas os dois partidos mais representativos, o Republicano e o Democrata, observa-se que para o candidato à reeleição Barack Obama, do partido Democrata, as intenções de votos de 2010 a 2012, CENSUS Bureau. U. S. (2010), obtidas nos cinquenta estados norte-americanos, tiveram uma variação de 63,5% para 46,4% de aprovação, REAL Clear Politics (2012). Com relação aos republicanos Mitt Romney, ex-governador de Massachusetts, Rick Santorum, ex-senador pela Pensilvânia e Newt Gingrich, ex-presidente da câmara dos deputados dos EUA, entre outros, ainda está incerto quem irá representar o partido neste início de 2012. Ou seja, algumas dezenas de milhares de pessoas estão constantemente mudando suas opiniões devido às influências externas.

A opinião sobre qual é o melhor candidato ou sobre qual é a melhor opção de voto sofre diversas influências ao longo do período eleitoral, porém as expectativas para um bom governo persistem, atribuições como: uma boa política nacional de saúde, cultura e educação; cuidados com a infraestrutura do país, etc. A reeleição de Obama, de certo modo, confirma essas expectativas.

O objetivo deste trabalho é avaliar as expectativas acerca da energia nuclear, ou seja, montar um painel no qual se possa ter uma visão geral de como se apresenta o conhecimento e a aceitação sobre a energia nuclear no Brasil.

1.2 Objetivos Específicos

• Estudar a percepção e a comunicação de riscos utilizando a literatura disponível.

• Identificar a influência dos mitos (assertivas antinucleares), frente à percepção dos benefícios da utilização da energia nuclear e suas tecnologias.

• Descobrir em que grau a percepção dos benefícios atenua ou intensifica a percepção dos riscos.

• Realizar uma pesquisa de opinião pública, com base nos objetivos acima, que vise:

➢ Identificar os principais conceitos, sobre a energia nuclear, que estão sendo percebidos de maneira inadequada.
➢ Verificar quais são as expectativas dos respondentes a respeito de tecnologias nucleares.
➢ Buscar conclusões que relacionem os meios de comunicação com a aceitação e o conhecimento dos respondentes.
➢ Identificar os melhores meios de acesso ao público, visando uma futura conscientização ou desmistificação de temas acerca da energia nuclear.

• Sugerir planos de comunicação, a partir da pesquisa feita, que possam auxiliar na prevenção ou eliminação dos mitos, responsáveis pela percepção distorcida e equivocada de conceitos referentes à energia nuclear e suas tecnologias.

1.3 Relevância

Os recentes acontecimentos no Japão, envolvendo um terremoto de intensidade 8,9 na Escala Richter, e um tsunami que provocou falhas, que causaram severos danos na usina de Fukushima Daiichi, trouxeram à tona discussões sobre a utilização de usinas nucleares para a geração de energia elétrica.

Observou-se, após o acidente, uma falta de conhecimento técnico e geral acerca da utilização da energia nuclear propagada pela mídia. Corriqueiras comparações com o acidente de Chernobyl, que possuía um reator e projetos distintos dos de Fukushima, assim como comentários jornalísticos ou entrevistas a pessoas que não eram da área nuclear, criticavam a construção de centrais termonucleares próximas a rios, lagos e oceanos. Não é possível a construção delas em locais que não possuam grande volume de água para resfriar o setor secundário, aliás, de qualquer termelétrica. Outras informações equivocadas como: o Césio 137, elemento protagonista do acidente de Goiânia, como sendo o responsável ou indispensável para o controle do reator. Sendo este apenas um provável produto de fissão, que fica retido nas pastilhas de combustível, dentro das varetas que compõem os elementos combustíveis encontrados no núcleo do reator. Outros detalhes noticiados como: fissão de nêutrons, explosão nuclear dentro das usinas, aquecimento das pastilhas de óxido de urânio como um problema a ser resolvido, risco de ocorrer tsunamis em Angra do Reis e a repetição da tragédia, assim como denominações incorretas ao rejeito radioativo, como: lixo ou dejeto radioativo, entre outros.

A energia nuclear ainda representa um 'tabu' para muitas pessoas, ou seja, um assunto de que não se pode ou não se deve falar. Cada vez mais se aproxima o dia em que tal assunto não poderá mais ser deixado de lado, pois a energia nuclear já está inserida no cotidiano da população, seja: na agricultura com a irradiação de alimentos, que visa melhorar a qualidade dos produtos alimentícios, ou com os traçadores radioativos que auxiliam a criação de técnicas para eliminação de pragas sem a utilização de inseticidas; na indústria com a gamagrafia, técnica nuclear similar a uma radiografia, utilizada em peças metálicas ou em estruturas de concreto; na medicina com a radioterapia, que consiste na utilização de fontes de radiação para tratamentos de tumores, assim como os radiofármacos, que são isótopos de elementos radioativos usados com a finalidade de diagnóstico, terapia e pesquisa; e no meio ambiente como proteção, que faz a utilização de técnicas nucleares para monitoração, controle e recuperação ambiental, e também, com os traçadores radioativos torna-se possível acompanhar o trajeto de poluentes no ar, no mar, nos rios e no solo, CNEN (2013).

Com tantos atributos associados à energia nuclear, o seu estudo deve ser conduzido de forma que os mitos sejam transpassados pela razão e pelo conhecimento, possibilitando então, uma maior apreciação dos benefícios oriundos da utilização desse tipo de energia.

A relevância está em conhecer o atual estado da opinião pública frente às questões nucleares, de forma a permitir um bom diagnóstico sobre a comunicação de valor, visando melhores ações para derrubada dos mitos e para elucidar a população acerca de todas as assertivas antinucleares.

1.4 Organização da Dissertação

O presente trabalho foi motivado pelo interesse em algumas informações propagadas pela mídia em geral, principalmente em jornais brasileiros, acerca dos acidentes de Chernobyl e de Fukushima, porém o foco desta dissertação não está em pesquisa de mídia. Uma análise crítica foi feita em cima dos erros conceituais, que levaram à reflexão sobre alguns assuntos, como: comunicação, percepção de riscos e mitos.

O segundo capítulo mostra as principais pesquisas feitas na área nuclear no Brasil e em outros países que utilizam a energia nuclear para geração de energia elétrica.

O terceiro capítulo trata da fundamentação teórica referente à comunicação de risco e à opinião pública.

No quarto capítulo são apresentadas as metodologias utilizadas para se fazer uma pesquisa de opinião, assim como os elementos fundamentais para a realização do presente trabalho. Por exemplo: a definição do tema, do problema, a escolha do tipo de pesquisa, a criação das hipóteses, o questionário online, entre outros.

O quinto capítulo encerra os resultados da pesquisa de opinião juntamente com as análises estatísticas e comentários.

O sexto capítulo apresenta as conclusões e as recomendações da pesquisa.

2. REVISÃO BIBLIOGRÁFICA

A forma mais comum de descobrir se há amplo apoio nacional para a utilização da energia nuclear são as pesquisas de opinião pública. No entanto, elas têm seus pontos fracos, pois as respostas podem depender de como as questões são formuladas e até mesmo peritos podem discordar sobre como algumas respostas devem ser interpretadas.

Os resultados relativos à aceitação pública da energia nuclear podem ser considerados instantâneos sobre o tema em países que já fazem uso da energia nuclear (Figura 1) e em alguns países que não utilizam a energia nuclear (Figura 2).

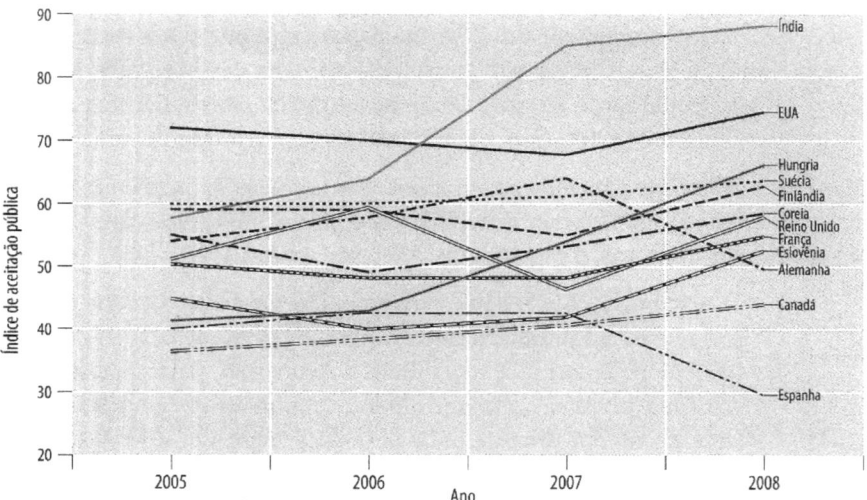

Figura 1 – Aceitação pública da energia nuclear em países que a utilizam, IAEA (2009).

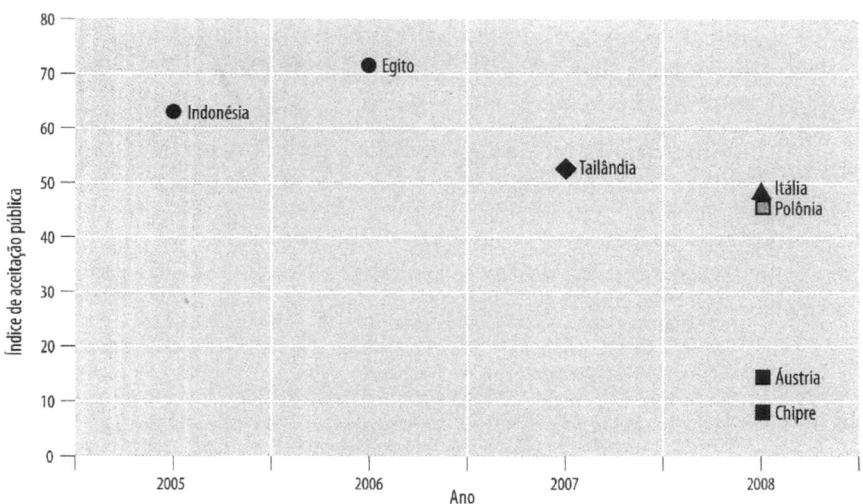

Figura 2 – Aceitação pública da energia nuclear em países iniciantes ou reiniciantes, IAEA (2009).

O valor da escala vertical é dado pelo índice de aceitação pública e, também pela média das pesquisas analisadas por um determinado país e ano, normalizado para uma escala de 0 (rejeição total) a 100 (aprovação total). A pesquisa foi conduzida pela empresa de consultoria Accenture através de entrevistas realizadas em novembro de 2008, com 10.508 pessoas em 19 países participantes, IAEA (2009).

O índice de aceitação em países que já possuem programas nucleares (Figura 1) é em geral superior aos índices dos países que não a possuem (Figura 2).

De acordo com a Figura 1, a aceitação pública aumentou em 2008 na maioria dos casos. As duas exceções foram a Espanha e a Alemanha, países onde está em vigor uma política de encerramento completo da geração por parte nuclear em médio prazo e onde o tema é objetivo de forte polarização político-partidária.

Dos sete países sem programas de energia nuclear mostrados na Figura 2, cinco são considerados iniciantes ou reiniciantes de programas de energia nuclear: Egito, Indonésia, Itália, Polônia e Tailândia. Nos últimos 4 anos, antes do acidente de Fukushima, os índices de aceitação pública estavam acima ou próximos dos 50%.

Uma pesquisa recente feita pelo NEI (Instituto de Energia Nuclear), através da Companhia de pesquisa Bisconti Research entre 17 e 19 de fevereiro de 2012, revelou que, mesmo após Fukushima, o indice de aceitação não diminuiu entre os americanos, IAEA (2012).

A pesquisa foi realizada por meio de uma série de entrevistas de aproximadamente 10 minutos por telefone, da qual 980 respondentes participaram. A Figura 3 representa a aceitação dos americanos com relação à utilização da energia nuclear como uma das maneiras de geração de eletricidade.

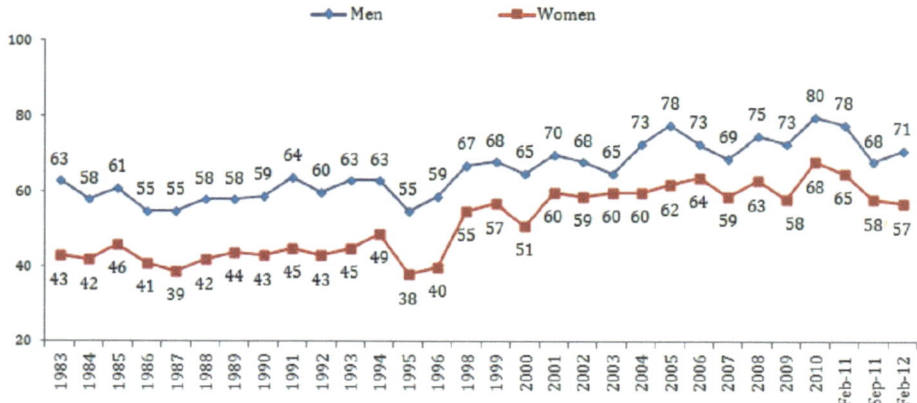

Figura 3: Aceitação pública do uso da energia nuclear como uma das maneiras de fornecer eletricidade nos Estados Unidos, IAEA (2012).

O valor da escala vertical é dado pelo índice de aceitação pública, entre homens e mulheres, numa escala de 0 (rejeição total) a 100 (aprovação total) pelas pesquisas analisadas por um determinado país e ano.

Desde 1983 até o ano de 2012, as mulheres apresentaram baixa aceitação em relação aos homens. Em março de 2011, quando ocorreu o acidente em Fukushima, o índice de aceitação da opinião pública americana diminuiu, conforme ilustra a Figura 3. Porém, em 2012 os índices voltaram a subir em relação ao público masculino.

A pesquisa feita pela Bisconti Research, em fevereiro de 2012, mostra que 64% do público americano é a favor do uso da energia nuclear e que 33% se opõe. Enquanto 28% é fortemente a favor da energia nuclear, 17% é fortemente contra. Em relação ao sexo, a pesquisa mostra que 71% dos homens e 57% das mulheres são a favor do uso da energia nuclear.

Para os respondentes que se opõem à geração de energia nuclear, os três principais fatores para a oposição foram preocupações sobre as soluções de disposição eficiente dos rejeitos, a segurança das operações de usina e o descomissionamento das instalações nucleares. Em cada caso, quase a metade (45%) daqueles que se opõem à energia nuclear dizem que mais informações sobre esses três fatores os fariam mudar de ideia totalmente ou em parte.

Em comparação ao levantamento feito pelo Market Analysis, instituto de pesquisas de mercado e de opinião pública no Brasil e internacional, algumas questões mostram coerência em relação às porcentagens de respostas obtidas em pesquisas feitas pela Accenture e pela Bisconti Research, IAEA (2012). Devido à pesquisa ter sido feita em 2011, logo após o acidente de Fukushima, a aceitação pública foi pequena e a percepção dos riscos, referente ao funcionamento de uma usina nuclear, foi acentuada.

O instituto de pesquisa aponta que a maioria dos brasileiros é contrária aos investimentos em novas unidades de usinas nucleares. Apenas uma minoria de 16% acredita que este tipo de energia é seguro, e apoia a construção de novas usinas.

Os outros 84%, que são contra investimentos no setor, se dividem entre os que acham que o Brasil deve continuar a usar as usinas existentes (44%) e os que defendem a interrupção imediata do seu funcionamento (35%).

A pesquisa ainda sugere que a maior resistência em relação à energia nuclear está entre os cidadãos com maior grau de instrução, pois 84% dos brasileiros com curso superior ou pós-graduação são contra os investimentos.

Na Figura 4, encontram-se as opiniões dos países sobre o uso de reatores nucleares na geração de energia elétrica.

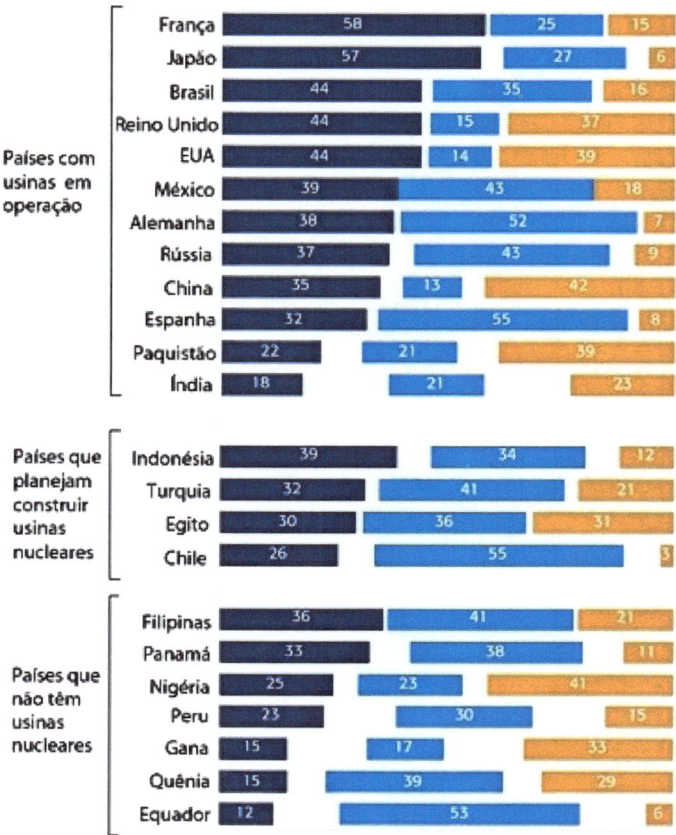

Figura 4: Opiniões dos países que possuem, pretendem, e não possuem usinas nucleares, sobre o uso de reatores nucleares na geração de energia elétrica, MARKET (2012).

Legendas referentes à Figura 4:

(Azul Escuro) Nós devemos usar as usinas de energia nuclear que já temos. Porém, nós não devemos construir novas.

(Azul Claro) A energia nuclear é perigosa e nós devemos fechar todas as usinas ainda em funcionamento o mais rápido o possível.

(Alaranjado) A energia nuclear possui um risco baixo quanto à segurança. É uma importante fonte de eletricidade. E nós devemos construir novas usinas nucleares.

O espaço em branco no gráfico representa: "não sabe", "não respondeu", "outro" ou "nenhuma das acima".

A pesquisa, realizada entre julho e agosto de 2011, foi realizada por telefone e ouviu 806 brasileiros, de 18 a 69 anos, em nove capitais: Belo Horizonte, Brasília, Curitiba, Goiânia, Porto Alegre, Recife, Rio de Janeiro, Salvador e São Paulo. Ela aponta que a opinião dos brasileiros diverge da opinião média percebida nos demais países pesquisados. O estudo foi realizado em outros 22 países através de uma parceria com a rede Globescan. No exterior, aproximadamente 30% das pessoas acreditam que as usinas devem parar de operar e 22% apoiam investimentos na área.

A confiança na gestão segura dos rejeitos radioativos, incluindo os mecanismos de disposição final, é um fator determinante para a aceitação pública da energia nuclear. O potencial aumento do uso da geração termonuclear no futuro enfatiza a necessidade de se avançar com os programas de gestão de rejeitos de alta atividade, os quais devem prover um fechamento seguro ao ciclo do combustível e fornecer garantias ao público de que se trata de uma solução realista e exequível.

O Conselho Europeu (*The European Council*) adotou normas quanto à gestão de resíduos radioativos de qualquer fonte e combustível irradiado e, inclusive, solicitou que os Estados membros informem quais são os respectivos programas nacionais para lidar com o tema até 2015. A Figura 5 ilustra a abordagem para a gestão de resíduos nucleares por país, juntamente com a previsão para depósito em sítios geológicos. Os países terão que definir se vão guardar ou reprocessar seus resíduos, como o farão, quanto vai custar etc., não podendo mais aplicar a política de "esperar para ver" (*waiting and see*) utilizada até aqui. Países poderão se unir para uma solução, mas ela terá que ser verificada e aprovada pela IAEA. Não será permitido exportar seus resíduos para países que não disponham de repositórios adequados, nem para os países da África, do Pacífico, do Caribe e para a Antártica, segundo a Comissão Europeia, EUROPEAN (2012).

Abordagem para a Gestão de Resíduo Nuclear por país			
Tipo de abordagem / País	Combustível Irradiado em Toneladas métricas	Armazenamento Intermediário	data de operação para depósito em sítio geológico
Deposição direta			
Bélgica	2.699	sim	2040
Canadá	40.054	não	2025
Finlandia	1.684	não	2020
Coréia do Sul	10.185	Planejado para 2016	desconhecida
Espanha	3.827	Planejado para 2012	2050
Suécia	4.893	sim	2022
USA	62.400	não	desconhecida
Reprocessamento			
China	1.532	Não	2050
França	12.400	Não	2025
Alemanha	12.788	sim	2035
Japão	12.585	Não	2035
Suiça	1.040	sim	2040
Grã-Bretanha	423	Não	2025

Figura 5: *Abordagem de gestão de resíduo nuclear por país, ELETROBRÁS (2011).*

Alguns países fizeram progressos reais com os programas de disposição em repositórios geológicos, e a atenção se volta agora para os processos de licenciamento desse tipo de instalação na Finlândia e na Suécia, IAEA (2009). Portanto, para aumentar a aceitação pública da energia nuclear, mesmo com os recentes acontecimentos em Fukushima no Japão, é fundamental a consolidação de um regime de segurança nuclear mundial, fornecendo um quadro coerente e harmonizado para a segurança da disposição geológica.

2.1 Percepção Pública

A aceitação pública da energia nuclear em diferentes países e localidades reflete como os benefícios e os riscos estão sendo percebidos. Após o acidente de Fukushima Daiichi, algumas pesquisas de opinião pública, IPSOS (2011), foram conduzidas com perguntas semelhantes sobre se os inquiridos apoiam ou são contra a energia nuclear, GALLUP (2011).

Taxas de aprovação variaram muito entre países e regiões, de quase total rejeição para mais de 60% nas taxas de aprovação, IPSOS (2012).

Em muitos países com reatores operacionais, as pesquisas também encontraram diferenças entre opiniões sobre os reatores existentes, que foram vistos favoravelmente, e reatores novos, que foram vistos de forma menos favorável.

Os resultados ressaltam a importância da prestação de informação acessível, transparente sobre as consequências do acidente, os preparativos para minimizar prováveis acidentes no futuro, e todos os riscos e benefícios da energia nuclear, juntamente com outras fontes alternativas de energia. Também é importante a participação das partes interessadas, incluindo os governos locais, serviços de emergência, órgãos reguladores, sindicatos e organizações comunitárias.

Devido aos resultados das pesquisas supracitadas, entende-se que uma melhor compreensão pública da radiação e da exposição à radiação, continuamente encontradas na vida cotidiana, é fundamental para uma visão equilibrada dos impactos da energia nuclear sobre a saúde.

3. FUNDAMENTOS TEÓRICOS

3.1 A Comunicação de Risco

A competência técnica e habilidade política das indústrias e de órgãos governamentais, em divulgar, gerenciar e conduzir modelos seguros, em processos envolvendo tecnologias complexas, reflete diretamente ao crédito ou ao descrédito da opinião pública.

Acidentes como o de Three Mile Island (1979), Chernobyl (1986), Goiânia (1987), na área nuclear, e outros desastres tecnológicos como o de Bhopal (1984) e a explosão do ônibus espacial Challenger (1986), fomentaram na população global uma relutância em aceitar, sem desconfiança, as novas tecnologias desenvolvidas e utilizadas. Como consequência disso, houve um aumento da pressão pública em relação a problemas de poluição ambiental, disposição de rejeitos radioativos e acidentes industriais de grande monta. A resposta política da maioria dos países industrializados tem sido o aumento da regulamentação em diversos setores e o investimento em programas de comunicação de risco, que visam melhorar a compreensão da sociedade em questões relacionadas a riscos oriundos dos diversos tipos de atividades humanas.

O risco pode ser entendido como sendo proporcional à ponderação de um efeito adverso, causado por um agente, pela sua frequência de ocorrência (SJÖBERG, L, 2000). Porém, um elemento chave para a compreensão do conceito de risco e da percepção do risco, referente às usinas nucleares, é a comunicação, pois o público depende dos meios de comunicação para obter informações sobre o funcionamento de usinas e aplicações da energia nuclear.

O tema é tratado por diversos autores e possui diversas abordagens, como a apresentada por ROCCA (2002), que afirma que o problema da percepção dos riscos seria melhorado com prévios conhecimentos sobre probabilidade e com as comparações dos riscos mais temidos com aqueles encontrados no cotidiano. A Tabela 3 ilustra em parte as ideias da autora, na qual apresenta alguns dos riscos ao qual uma pessoa está sujeita no seu dia a dia, bem como suas probabilidades de ocorrência.

O conceito de enquadramento é tratado por WEYMAN & KELLY (1999) e WILLIAMSON & WEYMAN (2005), afirmando que divisões do risco por setores e atividades ajudariam a melhorar a comunicação. As representações numéricas e discussões sobre a eficácia da comunicação de dados é tratada por WILLIAMSON & WEYMAN (2005). Para SAUER & NETO (1999), o preparo técnico-científico dos meios de comunicação, assim como o dos jornalistas e suas fontes, comprometem a comunicação de risco. Entre os diversos fatores, estão: o despreparo e o pouco tempo para obter e tratar a informação. PONCE (2002) separa a comunicação de risco em dois caminhos: o da comunicação entre os cientistas, que seria a disseminação das informações, e o da divulgação científica, com a popularização das informações técnicas. A metodologia para a análise e comunicação de risco segundo FILIPE (1986), não se limita aos aspectos técnicos, envolve também aspectos gerenciais. SANTOS e RODRIGUES (1999) afirmam que o método das auditorias de segurança tem o objetivo de observar se o trabalho está sendo realizando de acordo com as normas e especificações, identificando riscos potenciais, definindo o risco aceitável e planejando uma estratégia para gestão e comunicação de risco.

Tabela 3 - Riscos de morte por ano segundo a causa, FILIPE (1986) e SANTOS e RODRIGUES(1999).

CAUSA	PROBABILIDADE
Todas as causas	9.0×10^{-3}
Doenças do coração	3.4×10^{-3}
Câncer	1.6×10^{-3}
Todos os acidentes	4.8×10^{-4}
Acidentes de trabalho	1.5×10^{-4}
Veículos automotivos	2.1×10^{-4}
Homicídios	9.3×10^{-5}
Quedas	7.4×10^{-5}
Afogamentos	3.7×10^{-5}
Queimaduras	3.0×10^{-5}
Envenenamento por líquido	1.7×10^{-5}
Sufocação (objetos engolidos)	1.3×10^{-5}
Acidentes com armas e esportes	1.1×10^{-5}
Trens	9.0×10^{-6}
Aviação civil	8.0×10^{-6}
Transporte marítimo	7.8×10^{-6}
Envenenamento por gás	7.7×10^{-6}
Mordeduras	2.2×10^{-7}

De acordo com o trabalho de diversos autores supracitados, percebe-se que a comunicação de risco demanda muito conhecimento técnico e técnicas de comunicação, e, acima de tudo, é um assunto delicado. RIBEIRO JR. (2007:12) exemplifica essa fragilidade na comunicação de risco:

"Grande parte dos esforços em comunicação de risco tem fracassado, em parte porque não há sintonia na linguagem de especialistas com o público e, em parte, porque nem mesmo entre os especialistas há consenso sobre os riscos. A percepção do público pode ser exagerada ou reduzida em relação ao que lhes é comunicado. Um exemplo de subestimação é o caso da exposição ao sol que, na prática, aumenta o risco de câncer de pele e, mesmo assim, a população ignora as recomendações dos especialistas."

As análises dos discursos do setor nuclear revelam um problema recorrente: a relação da segurança das instalações nucleares com o uso pacífico dessa fonte de energia. Esse mesmo autor compara a produção de tanques e outros veículos blindados, que se permite produzir pela Constituição brasileira e utilizados em todo território nacional, com as instalações nucleares. Da mesma forma que a nossa indústria automobilística não se sente obrigada a dizer que está construindo automóveis para fins pacíficos, a indústria nuclear também não deveria se sentir obrigada a dizê-lo. Ainda mais, porque a Constituição brasileira já exclui o uso desse tipo de energia para fins bélicos.

3.1.1 Acidentes Relacionados À Produção De Energia

Ao longo da história ocorreram vários acidentes associados ao setor de energia. Na Tabela 4 estão contabilizados os principais acidentes por fonte de energia, juntamente com o número de mortes confirmadas.

Tabela 4: Mortes por acidentes e eventos similares relacionados à energia, GUIMARÃES, L. dos S.; Mattos, J. R. L. 2010 (adaptado); FARBER. 1991 (adaptado).

Fonte	Período	Total de acidentes	Total de mortes	
			Mínimo	Máximo
Hidroelétrica	1900-2009	9	33.100	240.000
Carvão	1860-2009	32	20.700	30.700
Óleo e Gás	1930-2010	36	14.400	16.500
Nuclear	1940-2013	33	46	93
Eólica	1975-2009	59	65	90

O acidente mais grave foi o ocorrido na China em 1975 com o rompimento da barragem da hidrelétrica de Banquiao, no Rio Amarelo, que ocasionou mais de 117 mil mortes. Outros acidentes ficaram marcados na história, como o de Bophal na Índia, em 1984, com 15 mil mortos e mais de 500 mil pessoas afetadas por doenças respiratórias crônicas, quando 40 toneladas de gás tóxico, isocianato de metila, vazaram na fábrica de pesticidas da empresa norte-americana Union Carbide. O Grande Nevoeiro de 1952, conhecido também como *Big Smoke*, considerado como um dos piores impactos ambientais até os dias de hoje, onde a poluição da indústria de transportes gerou um nevoeiro, devido à queima de combustíveis fósseis, matando mais de 12 mil pessoas em Londres e deixando mais de 100 mil doentes. E o acidente de Chernobyl na Ucrânia, em 1986, que espalhou uma grande quantidade de material radioativo a enormes distâncias da usina. O número de vítimas imediatas foi de 28 pessoas, principalmente técnicos e engenheiros presentes na central, bem como bombeiros que combateram o incêndio no núcleo exposto, recebendo grande dose de radiação, e também pelos escombros altamente radioativos que se espalharam ao redor dele. O número subiu para 47 mortes oficiais, contabilizando as pessoas que morreram posteriormente devido às elevadas doses de radiação recebidas (Fonte: IAEA, 2012). Esse foi o pior acidente nuclear da história, considerado de Nível 7, em seguida Tree Mile Island com nível 5. O acidente de Fukushima em março de 2011, mudou 3 vezes de classificação e em abril do mesmo ano foi considerado de Nível 7.

A Comissão Nacional de Energia Nuclear (CNEN) considera um acidente nuclear quando "envolve uma reação nuclear ou equipamento onde se processe uma reação nuclear".

Assim, com o intuito de classificar as catástrofes e promover comunicação imediata para a segurança, foi criada em 1990 uma escala mundial pela International Atomic Energy Agency (IAEA), que percorre do nível 1 ao 7, isto é, dos acidentes com menor gravidade, para os de maior gravidade, como ilustra a Tabela 5.

Tabela 5: Escala para avaliação de acidentes nucleares[2]

	Nível 7	Grande contaminação e muitas mortes; área permanecerá contaminada por muitos anos.
	Nível 6	Alto índice de radioatividade com muitas vítimas fatais
	Nível 5	Mais de uma morte por radiação; grande quantidade de material radioativo encontrado na região.
	Nível 4	Pelo menos uma morte causada pela radiação; forte possibilidade de afetar pessoas.
	Nível 3	Contaminação significativa, com pouca possibilidade de atingir a população.
	Nível 2	Indice de radioatividade passa a ser considerado preocupante.
	Nível 1	Limite de exposição radioativa pouco acima do considerado normal pelos padrões internacionais.

A dimensão do acidente de Chernobyl é comparável com as de outros acidentes que marcaram a história do planeta. Porém, a imagem da energia nuclear, deixada de herança, é a pior de todos os setores relacionados à energia. Pouca contestação é feita à indústria petroquímica em geral, mesmo depois do acidente de Bophal. Pouca ou nenhuma contestação é feita a empreendimentos hídricos, mesmo após Banquiao. Pouca ou nenhuma contestação é feita à poluição urbana, mesmo após o impacto ambiental causado pelo Grande Nevoeiro de 1952. A questão da comunicação de risco na área nuclear precisa ser revista, novas questões e pontos devem ser criados para que os conceitos sejam transmitidos à população de forma eficiente.

A comunicação de risco em uma crise é vital. O medo da radiação é uma ameaça muito mais séria à saúde do que a radiação em si. Sendo assim, é essencial a necessidade de uma política de esclarecimento, junto à população, dos benefícios e riscos advindos do emprego da tecnologia nuclear durante o funcionamento.

3.2 Opinião Pública

A formulação de apenas um conceito para o termo "opinião pública", devido a tantas definições e implicações conceituais, sem utilizar uma abordagem multidisciplinar não conseguirá ser universal. "Qualquer conceituação que dê ênfase a um aspecto específico - a economia e suas expectativas racionais, por exemplo, certamente pecará pelo reducionismo." (FIGUEIREDO e CERVELLINI 1995, p. 172).

No senso comum, a expressão opinião pública é utilizada como sinônimo para sociedade. Devido a essa concepção popular e ao fato do seu emprego em vários sentidos diferentes, torna-se interessante uma melhor contextualização histórica acerca do tema.

Na Idade Média, os filósofos tinham consciência da importância da opinião pública. A frase *"voz populi, vox Dei"* ("a voz do povo é a voz de Deus") surgiu no final dessa época e se referia à opinião pública. Porém, essa expressão somente foi empregada pela primeira vez com propriedade e clareza no século XVIII, por Jean Jacques Rousseau, filósofo que a definiu como: "a vontade geral do povo, é o poder do povo contra a monarquia". Para Rousseau "quem quer que se dedique à tarefa de legislar para um povo deve saber como manejar as opiniões, e através delas governar as paixões dos homens." CHILDS (1967b).

De acordo com CHILDS (1967b), Jeremy Bentham foi o primeiro a examinar a importância da opinião pública como meio de controle social e, inclusive, salientou o papel da imprensa na sua formação.

O filósofo Karl Marx denunciou a opinião pública como falsa consciência, ideologia, porque numa sociedade dividida em classes, ela mascara o interesse da classe burguesa, pois o público não é o povo e a sociedade burguesa não é a sociedade geral. Sendo assim, a opinião pública era mais uma ferramenta burguesa de manipulação e alienação das massas.

Muitos estudiosos de diversas áreas se interessaram pelo assunto e investigaram a relação existente entre a opinião pública e o controle das massas.

"Salientaram os sociólogos a importância da opinião pública como meio de controle social; os psicólogos, o papel desempenhado por vários fatores hereditários e ambientais na formação das opiniões individuais; estudiosos do direito, a influência da opinião pública sobre as diretrizes governamentais; estudiosos da ciência política, sua influência sobre o governo, bem como a influência das instituições governamentais, oficiais ou não, sobre ela." (CHILDS, 1967b)

Nos dias atuais, a manipulação e o controle da opinião pública tornam-se evidentes, principalmente, pelos meios de comunicação. "Já é consensual que os meios de comunicação de massa atuam como formadores de opinião pública... Agem em esferas sociais antes reservadas aos meios educacionais, jurídicos ou religiosos, de forma a moldar novos conceitos, ditar regras, modificar costumes e comportamentos tradicionais, com muita autoridade, eficácia e credibilidade." (PAULIUKONIS, 2006, p. 117).

3.2.1 Propriedades Da Opinião Pública

Segundo CERVELLINI (1995, p.179-182), são cinco as propriedades da opinião pública. Destacando-se de forma simplificada os conceitos, observa-se:

Direção: É o posicionamento que surge ao se analisar o conjunto das opiniões a respeito do tema em questão, ou seja, para que lado a opinião pública está apontando, que direção ela está indicando.

Distribuição: É a forma como as opiniões sobre um tema estão agrupadas, na qual se pode variar de situações de consenso absoluto a um dissenso total. A distribuição fornece uma ideia do possível conflito de opiniões em torno de algum assunto.

Intensidade: Indica o grau de adesão a cada opinião, dando uma medida de força à manifestação. Quanto maior o número de opiniões convergentes, maior a intensidade daquele fenômeno.

Coerência: As opiniões a respeito de um tema mais complexo envolvem vários outros assuntos que são logicamente relacionados com ele.

Latência: Um fenômeno de opinião pública latente é aquele em que existe um potencial para uma manifestação, mas ainda não houve explicitação da opinião, ou seja, ainda não se tornou pública.

As propriedades da opinião pública, segundo CERVELLINI (1995, p.182) estão relacionadas com os aspectos auxiliares na detecção de futuras manifestações de opinião popular, de acordo com a Tabela 6:

Tabela 6: Propriedade da opinião pública e dimensões previsíveis, FIGUEIREDO e CERVELLINI (1995).

Propriedades da opinião pública	Dimensões previsíveis
Direção	Conteúdo da escolha
Distribuição	Nível de conflito
Intensidade	Força de reação
Coerência	Estabilidade

| Latência | Expressão de reação |

Essa relação ajuda na percepção dos resultados obtidos na pesquisa, a partir das suas propriedades, utilizando-as como categorias para uma análise mais qualificada.

3.2.2 Pesquisa De Opinião Pública

As pesquisas de opinião pública são as melhores fontes de informação a respeito do pensamento geral de uma população sobre os temas sociais e políticos de um país. Inclusive, permeiam praticamente todas as áreas de negócios e serviços públicos, apoiadas em métodos fundamentados em princípios científicos e fazendo uso dos conceitos e técnicas oriundas da psicologia. MARTIN (1984, pp. 12-23).

Para que a pesquisa seja realizada sob a ausência de qualquer tendência, é necessário que a coleta de dados seja feita com a maior precisão possível, evitando erros, como no caso das entrevistas, a inquirição de pessoas determinadas ou daquelas mais fáceis de serem localizadas, por exemplo.

Para evitar esses e outros tipos de erros que viciam uma pesquisa e podem comprometer sua credibilidade, é que existem os métodos de pesquisa. Esses correspondem ao caminho para se chegar a um objetivo. Um caminho que é feito de regras, as quais lhe dão cientificidade. Seguir essas regras torna-se necessário para alcançar o objetivo. Esse objetivo é a prova científica, uma verdade relativa, sob eterna verificação.

Uma das principais regras para a obtenção da prova científica é ter claro o objeto de pesquisa, ou seja, aquilo que se quer estudar, MARQUES (2004). É importante frisar o que se quer estudar e não o que se quer provar, pois uma pesquisa iniciada com a finalidade de provar algo, já nasce viciada.

4. METODOLOGIA

4.1 O Questionário

O inquérito que será apresentado, mais adiante, foi desenvolvido na web, ficou disponível para acesso do dia 06 de março até o dia 29 de outubro de 2012, respondido por 911 pessoas e contém 10 páginas, sendo a primeira composta por 6 questões que visam à coleta de dados demográficos. Nas 9 páginas restantes, segue um conjunto de 13 questões de múltipla escolha. Porém, a maioria das questões possui uma caixa de texto, na qual o respondente pode expressar sua opinião a respeito do tema de forma livre. A ordem e a numeração das questões seguem a ordem e a numeração da página. A página 2 representa a questão 2 (p2), a página 3, a questão 3 (p3), e assim por diante. Apenas as páginas 6 e 10 possuem mais de uma questão por página, e serão tratadas como 1ª 2ª e 3ª questão da página 6, assim como 1ª, 2ª e 3ª questão da página 10.

De acordo com os objetivos específicos e as hipóteses consideradas neste trabalho, a metodologia adotada consiste em verificar:

A) Quais os principais conceitos percebidos de maneira inadequada;

A1) Lembranças associadas. [Questões: p3 e p10(2ª)]
A2) Crença em mitos. [Questão p4]
A3) Benefícios percebidos e benefícios desejados. [Questão: p4 e p7]

B) Quais são as expectativas dos respondentes em relação à

energia nuclear;
   [Questão p2]

   C) Qual a relação entre os meios de comunicação, as percepções e o conhecimento adquirido sobre energia nuclear;
   C1) Conhecimentos adquiridos por estudo ou vivência. [Questões: p4 e p10(3ª)]
   C2) Inferências sobre a percepção e a comunicação de risco. [Questão: p8 e p6 (3ª)]
   C3) Os meios de comunicação geradores de conhecimento. [Questão: p5]
   C4) Os meios de comunicação e os grupos mais críveis. [Questões: p9 e p10(1ª)]
   C5) Estimativas sobre a aceitação da opção nuclear como fonte de energia elétrica. [Questões: p6(1ª) e p6(2ª)]

   A questão (p2) classifica de péssima a excelente as expectativas de vários fatores diretos e indiretamente ligados à produção de energia pelas usinas nucleares. Quanto mais às outras opções estiverem próximas da opção nuclear (numa mesma coluna), de acordo com as propriedades da opinião pública (Cap. 3), maior serão a coerência, direção e a latência da opinião dos respondentes.

   As questões (p3) e p10(2ª) verificam as emoções e lembranças do pesquisado quando se fala em usinas nucleares, podendo advir como termômetro dos principais conceitos adquiridos de forma inadequada, referente aos mitos e assertivas antinucleares mais comuns.

   A questão (p4) trata dos receios da convivência com uma usina nuclear em funcionamento próximo a sua cidade. As opções da questão se dividem nas crenças em mitos (risco de guerra nuclear, mutação, explosão da usina como uma bomba atômica etc.) e conhecimentos adquiridos por estudo ou vivência (conservação das estradas, oferta de empregos etc.). A questão p10(3ª) que propõe a identificação do símbolo nuclear também entra nesta última categoria. Ainda a questão (p4), assim como a (p7), avaliam alguns dos conceitos percebidos de forma inadequada, como: benefícios percebidos e benefícios desejados. Comparando benefícios desejados advindos de um empreendimento qualquer instalado próximo à cidade do respondente, como por exemplo: uma indústria, uma montadora etc., com os benefícios percebidos provenientes do funcionamento de uma usina nuclear instalada próxima à mesma cidade.

A questão (p5) caracteriza quais são os meios de informação mais influentes, aqueles onde a maioria das informações é adquirida. A qualidade da informação associada ao meio de comunicação refletirá na frequência das respostas relacionadas às crenças em mitos sobre a energia nuclear, verificada na questão (p4).

As questões referentes à página 6, p6(1ª) e p6(2ª) verificam se há e qual é o déficit de aceitação da opção nuclear, em relação às demais fontes de geração de energia elétrica.

A questão p6(3ª) e a questão (p8) contribuem para evidenciar o grau, ou a "qualidade", da percepção e da comunicação de risco tratadas pelos meios de comunicação mais influentes, nos quais o respondente adquiriu grande parte de seus conhecimentos sobre o tema nuclear, registrado pelas frequências de resposta da questão (p5). A questão p6(3ª), ainda ajuda no entendimento do assunto discutido no Capítulo 3, a comunicação de risco. Após o acidente de Fukushima, muitas informações foram divulgadas, umas mais acertadas, outras não. O componente emocional, vivência, informações técnicas etc., influenciam o respondente, porém para aqueles que mudaram de opinião, ou seja, marcaram a opção: "Certamente que sim", a comunicação de risco da área nuclear não os atingiu de certa forma. O conceito de percepção de risco é trabalhado na questão (p8) de forma a avaliar o risco, de muito alto a muito baixo, em relação a algumas ações, como: viajar de carro e de avião, na qual sabemos que o risco maior está em viajar de carro. Porém, para as outras ações, como: exploração de petróleo, funcionamento de uma usina hidrelétrica e de uma usina nuclear, as avaliações não são tão simples e diretas assim. A Tabela 4, que mostra o número de acidentes e mortes relacionados aos setores de produção de energia, sugeriria que a classificação dos riscos segue a ordem dos acidentes com mais mortes e com os que possuem maior frequência de ocorrência. A não observação dessa "ordem" implica em uma percepção ruim quanto aos riscos.

As questões (p9) e p10(1ª) almejam identificar os meios de comunicação e os grupos mais críveis para divulgação de notícias, pronunciamentos e informações sobre a energia nuclear. Conhecendo os melhores e os mais populares meios de informação, assim como os agentes da comunicação mais confiáveis, poderemos sugerir planos de comunicação que possam auxiliar na prevenção ou eliminação dos mitos, das percepções distorcidas e equivocadas dos conceitos referentes à energia nuclear e suas tecnologias.

4.1.1 O Questionário Online

O questionário aplicado na web, através do link: <www.surveymonkey/s/A_Energia_Nuclear_E_Voce>, possui a aparência apresentada na Figura 6.

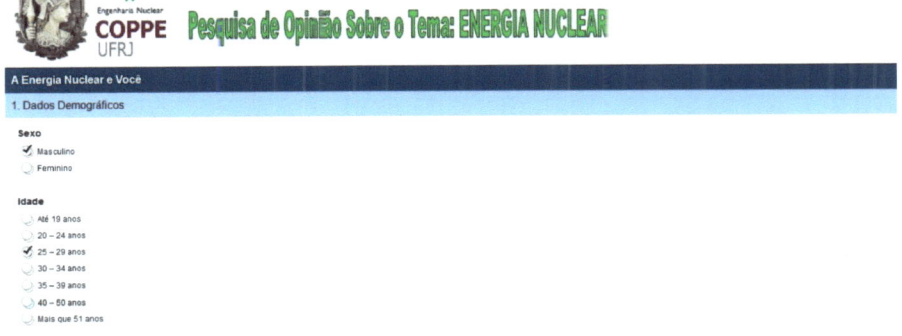

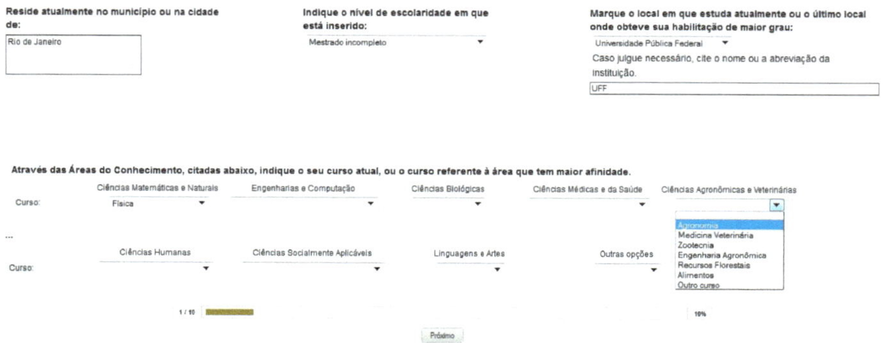

Figura 6: Dados demográficos.

Nesta primeira página, foi utilizada uma tabela contendo as novas áreas do conhecimento, obtida numa comissão especial de estudos, CNPq, CAPES e FINEP (2005). Em cada uma das grandes áreas estão os respectivos cursos universitários. (Para visualizar todos os cursos atrelados às grandes áreas do conhecimento, assim como as outras opções dentro das barras de rolagem de algumas questões, o questionário está no Anexo B).

Essa questão é livre para quem quiser responder, o respondente que não entender ou não estiver cursado nenhum curso, tem a opção de marcar "outros" em "outras opções" ou até mesmo de pular a questão.

O objetivo dessa questão, Figura 7, é relacionar alguns fatores da percepção e comunicação de risco às áreas do conhecimento, pois os conceitos referentes à área nuclear são estudados em diferentes níveis, tanto no ensino médio, quanto em cursos universitários.

Figura 7: Questão (p2) referente às expectativas dos respondentes.

As páginas do questionário são marcadas no canto superior esquerdo e acompanhadas por três diferentes frases, que aleatoriamente vão sendo trocadas nas páginas subsequentes, são elas: "não há respostas certas! Apenas dê sua opinião", "em quase todas as questões você pode marcar mais de uma opção! Verifique!" e "Ao final compare as suas respostas com as respostas da maioria".

Todas as páginas são acompanhadas pela imagem da Universidade Federal do Rio de Janeiro, da COPPE e pelo tema da pesquisa. Na extremidade inferior, em todas as páginas, o respondente pode verificar a quantidade total delas, quantas ainda não foram respondidas, a porcentagem das questões respondidas até o momento, e a barra de progressos. O respondente pode voltar para as páginas anteriores livremente, e alterar suas respostas caso julgue pertinente. Porém, para prosseguir não pode haver respostas em branco.

Nas próximas figuras abaixo, da Figura 8 à Figura 14, serão omitidas as imagens da Universidade Federal do Rio de Janeiro, da COPPE e referente ao tema da pesquisa, para que se obtenha uma melhor ampliação delas.

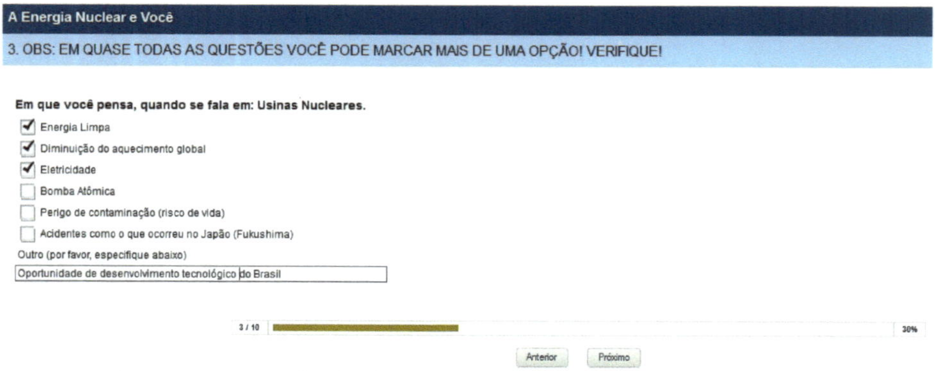
A Energia Nuclear e Você

3. OBS: EM QUASE TODAS AS QUESTÕES VOCÊ PODE MARCAR MAIS DE UMA OPÇÃO! VERIFIQUE!

Em que você pensa, quando se fala em: Usinas Nucleares.

- [x] Energia Limpa
- [x] Diminuição do aquecimento global
- [x] Eletricidade
- [ ] Bomba Atômica
- [ ] Perigo de contaminação (risco de vida)
- [ ] Acidentes como o que ocorreu no Japão (Fukushima)

Outro (por favor, especifique abaixo)

Oportunidade de desenvolvimento tecnológico do Brasil

3 / 10 30%

Anterior Próximo

Figura 8: Questão (p3) referente às lembranças associadas dos respondentes com o tema nuclear.

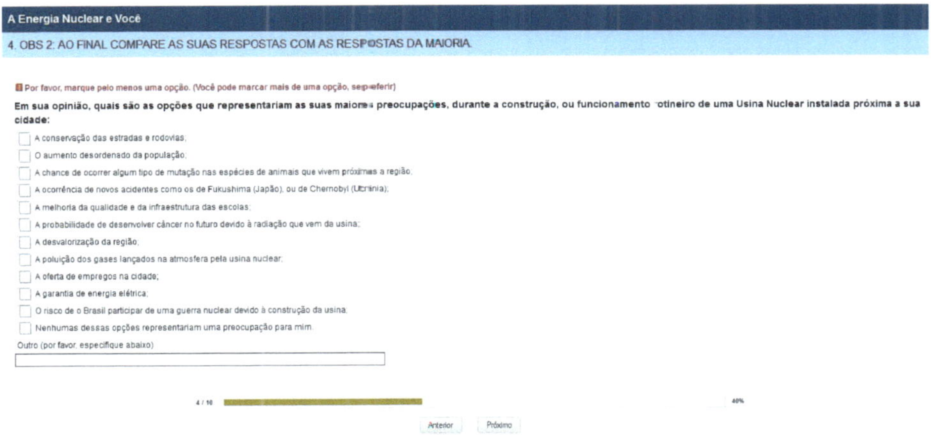
A Energia Nuclear e Você

4. OBS 2: AO FINAL COMPARE AS SUAS RESPOSTAS COM AS RESPOSTAS DA MAIORIA

Por favor, marque pelo menos uma opção. (Você pode marcar mais de uma opção, se preferir)

Em sua opinião, quais são as opções que representariam as suas maiores preocupações, durante a construção, ou funcionamento rotineiro de uma Usina Nuclear instalada próxima a sua cidade:

- [ ] A conservação das estradas e rodovias;
- [ ] O aumento desordenado da população;
- [ ] A chance de ocorrer algum tipo de mutação nas espécies de animais que vivem próximas a região;
- [ ] A ocorrência de novos acidentes como os de Fukushima (Japão), ou de Chernobyl (Ucrânia);
- [ ] A melhoria da qualidade e da infraestrutura das escolas;
- [ ] A probabilidade de desenvolver câncer no futuro devido à radiação que vem da usina;
- [ ] A desvalorização da região;
- [ ] A poluição dos gases lançados na atmosfera pela usina nuclear;
- [ ] A oferta de empregos na cidade;
- [ ] A garantia de energia elétrica;
- [ ] O risco de o Brasil participar de uma guerra nuclear devido à construção da usina;
- [ ] Nenhumas dessas opções representariam uma preocupação para mim.

Outro (por favor, especifique abaixo)

4 / 10 — 40%

Anterior | Próximo

Figura 9: Questão (p4) que avalia o conhecimento, crença em mitos e ajuda a entender a relação entre os benefícios percebidos e os benefícios desejados.

Em quase todas as questões é necessário que seja marcada pelo menos uma opção de resposta, antes de avançar para a próxima página. Caso o respondente não marque nenhuma opção, uma mensagem de erro aparecerá para instruí-lo, conforme ilustrado nas Figuras 7 e 9.

A Energia Nuclear e Você

5. OBS: EM QUASE TODAS AS QUESTÕES VOCÊ PODE MARCAR MAIS DE UMA OPÇÃO! VERIFIQUE!

Quais são os meios de informação que você utilizou para adquirir conhecimentos, sobre as usinas nucleares?

- [ ] Televisão
- [ ] Em sites Ambientalistas, como Greenpeace, a Fundação Boell e o WWF.
- [ ] Por outros sites da internet
- [ ] Revista científica
- [ ] Em conversas com os amigos
- [x] No meio acadêmico (escola ou faculdade)
- [x] Livros
- [ ] Em conversas com pessoas da família
- [ ] Outros

Outro (por favor, especifique abaixo)

5 / 10 50%

Anterior Próximo

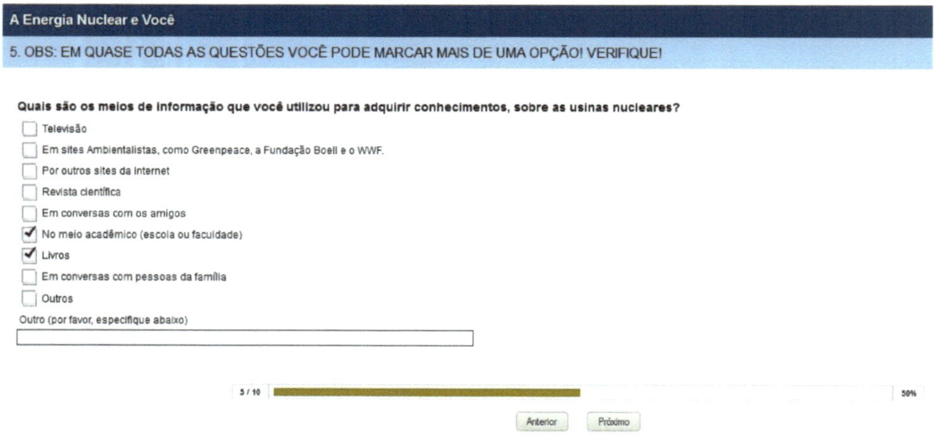

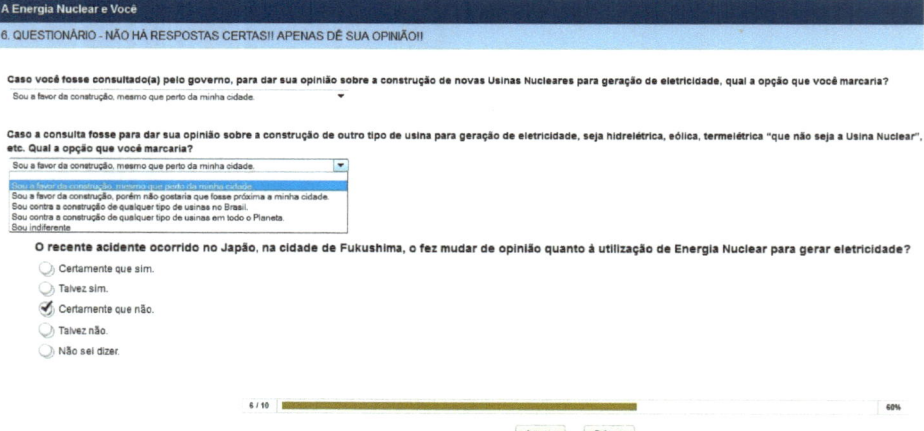

Figura 10: Questão (p5) referente aos meios de comunicação geradores de conhecimento.

A Energia Nuclear e Você

6. QUESTIONÁRIO - NÃO HÁ RESPOSTAS CERTAS!! APENAS DÊ SUA OPINIÃO!!

Caso você fosse consultado(a) pelo governo, para dar sua opinião sobre a construção de novas Usinas Nucleares para geração de eletricidade, qual a opção que você marcaria?

Sou a favor da construção, mesmo que perto da minha cidade.

Caso a consulta fosse para dar sua opinião sobre a construção de outro tipo de usina para geração de eletricidade, seja hidrelétrica, eólica, termelétrica "que não seja a Usina Nuclear", etc. Qual a opção que você marcaria?

Sou a favor da construção, mesmo que perto da minha cidade.

Sou a favor da construção, mesmo que perto da minha cidade
Sou a favor da construção, porém não gostaria que fosse próxima a minha cidade.
Sou contra a construção de qualquer tipo de usinas no Brasil.
Sou contra a construção de qualquer tipo de usinas em todo o Planeta.
Sou indiferente

O recente acidente ocorrido no Japão, na cidade de Fukushima, o fez mudar de opinião quanto à utilização de Energia Nuclear para gerar eletricidade?

- ( ) Certamente que sim.
- ( ) Talvez sim.
- (x) Certamente que não.
- ( ) Talvez não.
- ( ) Não sei dizer.

6 / 10 60%

Anterior Próximo

Figura 11: Questões p6(1ª), p6(2ª), que favorecem o estudo das estimativas sobre a aceitação da opção nuclear como fonte de energia elétrica, e a questão p6(3ª), que possibilita inferências sobre a comunicação de risco na área nuclear.

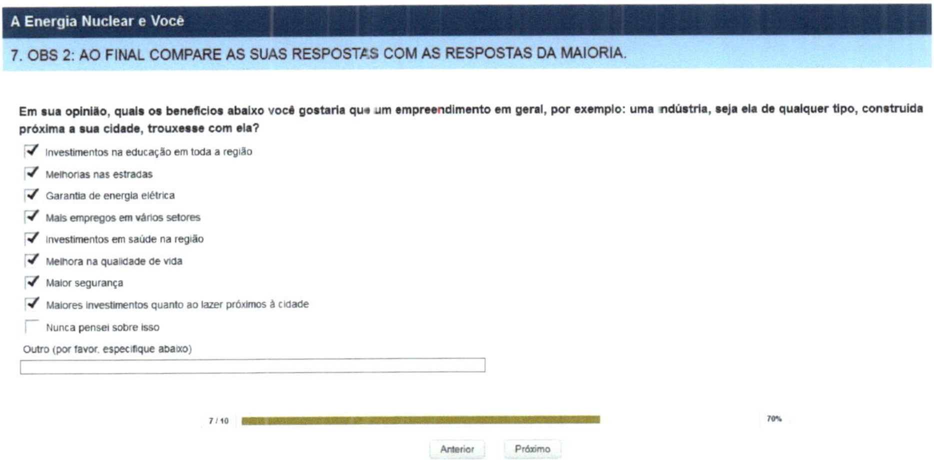

NUCLEARFOBIA

A Energia Nuclear e Você
7. OBS 2: AO FINAL COMPARE AS SUAS RESPOSTAS COM AS RESPOSTAS DA MAIORIA.

Em sua opinião, quais os benefícios abaixo você gostaria que um empreendimento em geral, por exemplo: uma indústria, seja ela de qualquer tipo, construída próxima a sua cidade, trouxesse com ela?

- ☑ Investimentos na educação em toda a região
- ☑ Melhorias nas estradas
- ☑ Garantia de energia elétrica
- ☑ Mais empregos em vários setores
- ☑ Investimentos em saúde na região
- ☑ Melhora na qualidade de vida
- ☑ Maior segurança
- ☑ Maiores investimentos quanto ao lazer próximos à cidade
- ☐ Nunca pensei sobre isso

Outro (por favor, especifique abaixo)

7 / 10   70%

Anterior   Próximo

Figura 12: Questão (p7), que trata dos benefícios desejados trazidos por um empreendimento instalado próximo a cidade do respondente.

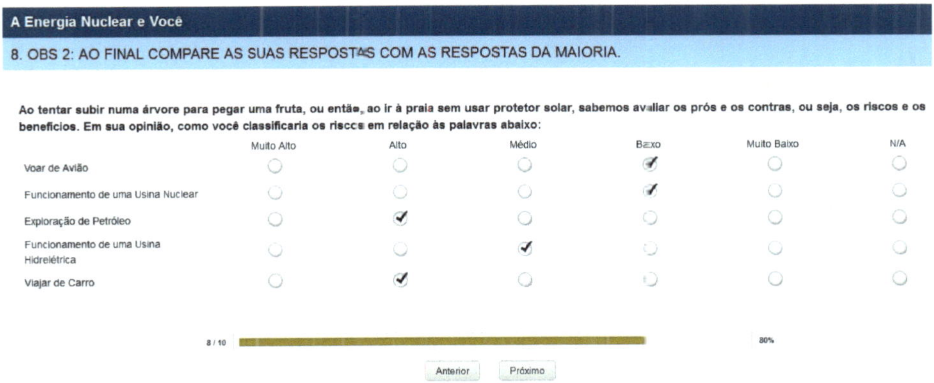

A Energia Nuclear e Você
8. OBS 2: AO FINAL COMPARE AS SUAS RESPOSTAS COM AS RESPOSTAS DA MAIORIA.

Ao tentar subir numa árvore para pegar uma fruta, ou então, ao ir à praia sem usar protetor solar, sabemos avaliar os prós e os contras, ou seja, os riscos e os benefícios. Em sua opinião, como você classificaria os riscos em relação às palavras abaixo:

	Muito Alto	Alto	Médio	Baixo	Muito Baixo	N/A
Voar de Avião	○	○	○	✓	○	○
Funcionamento de uma Usina Nuclear	○	○	○	✓	○	○
Exploração de Petróleo	○	✓	○	○	○	○
Funcionamento de uma Usina Hidrelétrica	○	○	✓	○	○	○
Viajar de Carro	○	✓	○	○	○	○

8 / 10   80%

Anterior   Próximo

Figura 13: Questão (p8), que possibilita inferências sobre a percepção e a comunicação de risco na área nuclear.

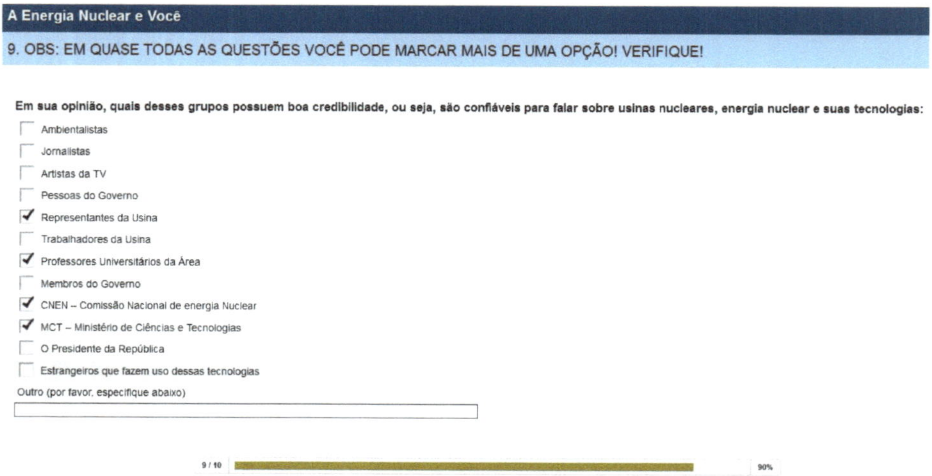
A Energia Nuclear e Você

9. OBS: EM QUASE TODAS AS QUESTÕES VOCÊ PODE MARCAR MAIS DE UMA OPÇÃO! VERIFIQUE!

Em sua opinião, quais desses grupos possuem boa credibilidade, ou seja, são confiáveis para falar sobre usinas nucleares, energia nuclear e suas tecnologias:

- [ ] Ambientalistas
- [ ] Jornalistas
- [ ] Artistas da TV
- [ ] Pessoas do Governo
- [x] Representantes da Usina
- [ ] Trabalhadores da Usina
- [x] Professores Universitários da Área
- [ ] Membros do Governo
- [x] CNEN – Comissão Nacional de energia Nuclear
- [x] MCT – Ministério de Ciências e Tecnologias
- [ ] O Presidente da República
- [ ] Estrangeiros que fazem uso dessas tecnologias

Outro (por favor, especifique abaixo)

9 / 10 90%

Figura 14: Questão (p9), almeja identificar os grupos mais críveis para divulgação de notícias, pronunciamentos e informações sobre a energia nuclear.

As últimas questões do inquérito encontram-se na página 10, conforme indicado na Figura 15 que aparece logo abaixo. Nela encontram-se as questões: 10(1ª), que almeja identificar os meios de comunicação mais críveis para a divulgação de notícias, pronunciamentos e informações sobre a energia nuclear. A questão 10(2ª) é referente às lembranças associadas à energia nuclear com relação direta com o sentimento de medo. E por fim, a questão 10(3ª), que trata dos conhecimentos adquiridos pelos respondentes, na qual se verifica a identificação do símbolo de presença de radiação, que também é o símbolo da energia nuclear, o trifólio que representa a fonte radioativa emitindo radiação alfa, beta e gama.

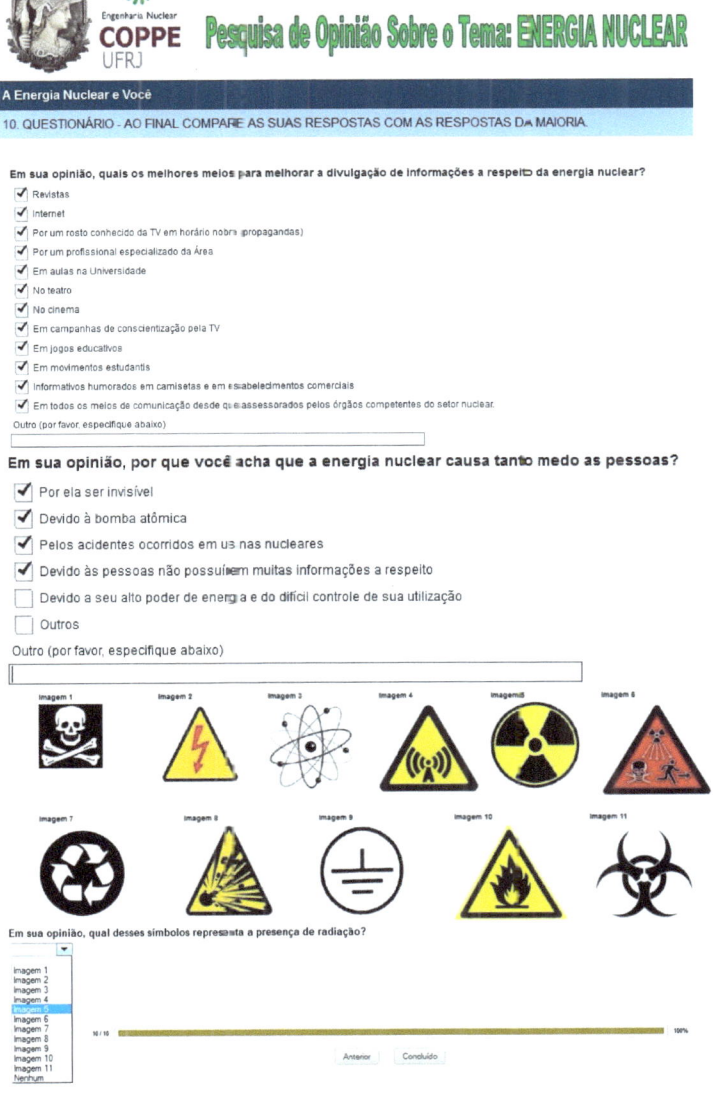

Figura 15: Questões p10(1ª), p10(2ª) e p10(3ª), que tratam dos meios de divulgação, do medo associado à energia nuclear e da escolha correta do símbolo de presença de radiação, respectivamente.

Ao pressionar o botão de concluído (Figura 15), o respondente será encaminhado para uma página na qual se encontram as notas de agradecimento (Figura 16), o e-mail para contato e também o quadro de respostas, no qual o respondente poderá comparar as suas respostas com a frequência das respostas durante o andamento da pesquisa.

Obrigado por ter participado desta pesquisa!

Qualquer dúvida, sugestão ou crítica, mande um e-mail para:

ufrj.energia@gmail.com

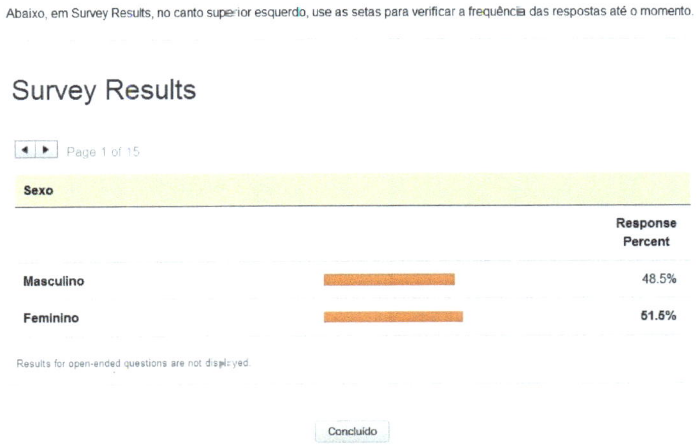

Abaixo, em Survey Results, no canto superior esquerdo, use as setas para verificar a frequência das respostas até o momento.

Figura 16: Agradecimento e verificação das frequências das respostas do questionário.

Apesar de serem 10 páginas de questionário, em algumas páginas existem mais de uma pergunta, totalizando 19 no total. As questões abertas não aparecem nos resultados da pesquisa.

O respondente pode verificar todas as frequências de resposta das questões clicando nas setas, como ilustrado na Figura 17.

Figura 17: Verificação das frequências das respostas do questionário.

Assim que o botão "concluído" for pressionado, o respondente sairá completamente da página do SurveyMonkey e será direcionado automaticamente para outra página, que apresentará links importantes sobre a energia nuclear (ver Figura 18 e 19). Tal ferramenta possibilitará ao respondente tirar suas prováveis dúvidas, ou apenas navegar pelos sítios oficiais da área nuclear, como por exemplo, sítios da: CNEN, IRD, COPPE, entre outros. Para ler o questionário no formato de texto, veja o Anexo B.

Figura 18: Redirecionamento após a conclusão do questionário.

O endereço da página de redirecionamento é <www.niltonmonteiro.com/nuclear>. A página possui um formato atrativo e dinâmico, objetivando a permanência do respondente pelos sítios informativos da área.

Figura 19: Redirecionamento no momento da seleção de um assunto na barra de rolagem.

O questionário, por ser unicamente desenvolvido por meio da internet, precisava de uma imagem associada a ele, que permitisse a sua divulgação pelos meios eletrônicos. Um endereço simples para a divulgação em panfletos e nas coordenações das universidades e escolas era necessário, então foi criada a página: A Energia Nuclear e Você, através do endereço eletrônico: **www.niltonmonteiro.com**, Figura 20.

Figura 20: Divulgação do questionário.

Para começar a responder ao questionário a partir da página inicial, o respondente deveria selecionar as palavras sugeridas "Para Responder ao Questionário, Clique Aqui". Um redirecionamento automático fará com que ele vá direto para a pesquisa.

4.2 A Internet como Ferra-

menta de Pesquisa

O desenvolvimento das Tecnologias de Informação e Comunicação (TIC), nas últimas décadas, é apontado por especialistas da área como uma das principais causas das rápidas transformações pelas quais o mundo passou no fim do século XX e início do século XXI. Dentre as tecnologias, poucas se mostraram tão consolidadas e impactantes quanto à internet, também conhecida como World Wide Web, e representada pela ideia da teia de alcance global. Sua ampla disseminação como rede mundial de computadores foi acompanhada por uma constante evolução tecnológica e conceitual, resultando no que muitos chamam de "web 2.0".

Essa versão atualizada da rede traz novas possibilidades de comunicação na sociedade contemporânea. Entre as principais inovações, pode-se incluir a maior centralidade no usuário, a flexibilidade e a possibilidade de adaptação das ferramentas às demandas de cada pessoa e a ênfase nas conexões e comunicações multidirecionais entre usuários e criadores dos sites MERGEL, SCHWEIK e FOUNTAIN (2009). Entre as diferentes ferramentas e plataformas que tangenciam a web 2.0 estão as mídias sociais, como: Twitter, Facebook e Orkut.

Ao permitir novos arranjos de redes e relações sociais, essa abordagem vem transformando a forma como pessoas e organizações se comunicam. Para evidenciar tais transformações e evolução tecnológica, torna-se importante saber o crescimento nos investimentos em mídia no Brasil. Os investimentos em mídia no ano de 2011 são apresentados na Figura 21, com um total de quase 23 bilhões de Reais investidos em comunicação.

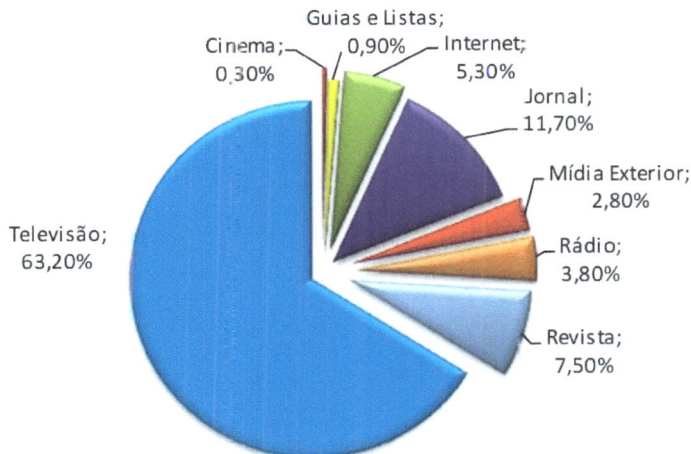

Figura 21: Distribuição dos investimentos em mídia no Brasil por meio de comunicação em 2011.[3]

A maior parte dos investimentos é destinada, historicamente, à televisão. A televisão recebe mais da metade dos investimentos no Brasil, assim como em outros países também, por exemplo: os Estados Unidos, que investe aproximadamente 67% do valor total investido em mídia. Por outro lado, a internet, foco de interesse do presente trabalho, recebe ainda uma fração pequena do total investido. Porém, é a que lidera no aumento da proporção, ano após ano, no total de recursos investidos por mídia. No Brasil, em comparação com o mesmo período de 2010, o investimento em 2011 aumentou de 4,9% para 5,3% dos recursos, ou seja, um aumento de aproximadamente 92 milhões de reais. Em relação a 2007, no qual foram investidos 2,6%, comparando com 2011, o aumento no investimento foi de aproximadamente 590 milhões de reais em recursos tecnológicos da internet, INTERMEIOS (2013).

Na Figura 22, podemos observar que a Internet foi a mídia que mais cresceu no ano de 2011, em comparação com os anos anteriores. Tal observação, em relação às demais mídias pesquisadas, se deu pelo Projeto Inter-Meios. (Projeto de uma iniciativa conjunta do jornal Meio & Mensagem e dos principais meios de comunicação no sentido de levantar, em números reais, o volume de investimento publicitário em mídia no Brasil). A comparação foi realizada pelos dados de 2011 e de 2007, INTERMEIOS (2013).

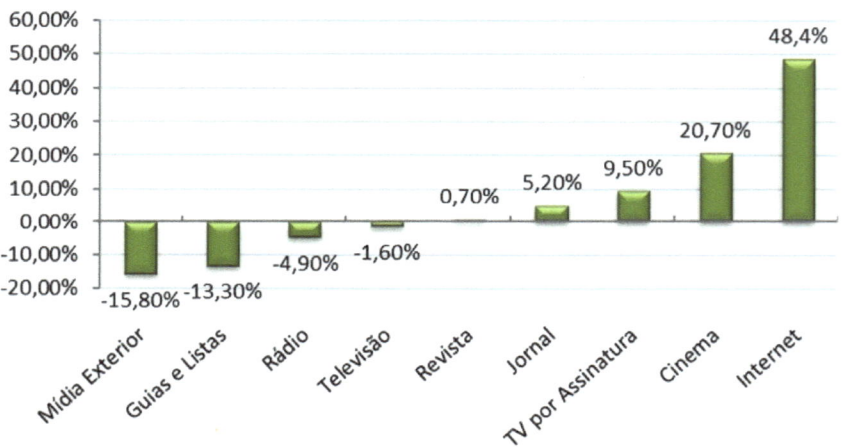

Figura 22: Variação dos investimentos em mídia, por meio, entre o acumulado de janeiro a agosto dos anos de 2007 e 2011.[4]

Com tantos recursos via internet sendo criados e melhorados, ano após ano, torna-se natural a escolha da rede global, para: investimentos publicitários, realização de trabalhos, e para a aplicação de pesquisas de opinião.

4.3 Softwares de Pesquisa

Muitos softwares de pesquisa proporcionam tudo que é necessário para realizar qualquer tipo de pesquisa através da Internet, desde a mais simples até a mais profissional. Eles podem ser pagos ou gratuitos, porém os melhores recursos encontram-se nos softwares pagos. Alguns exemplos: SURVEYMONKEY, SURVEY CRAFTER, SURVEY GOLD, SURVEY MASTER, SURVEY PRO – Apian, SURVEY SAID, SURVEY SYSTEM, SURVEY TRACKER, GOOGLE DOCS, ENQUETE FÁCIL.COM, entre outros, DEMOSKOPIA (2013).

Os softwares em geral, para serem utilizados, não são instalados no computador do usuário, como o Windows, Photoshop, Applets, Office etc., mas sim, no computador da empresa que oferece o serviço, ou seja, nos servidores. Eles fornecem o acesso aos usuários por senha, fornecendo-lhes um número de IP, ou um domínio, que no final, ambos objetivam a identificação e facilitação para se localizar uma informação.

Para muitos servidores, o acesso a algumas ferramentas básicas é liberado gratuitamente, já outras, as mais sofisticadas, são restritas. Para conseguir a liberação e ter acesso a todos os recursos, deve-se pagar.

Nesta pesquisa, o software utilizado foi o SurveyMonkey, devido a sua simplicidade e fácil utilização. Os dados coletados, arquivos e backups são todos armazenados no servidor, que encerra o mesmo nome do software e do domínio. O pesquisador é o único com acesso ilimitado aos dados da pesquisa. E esta, só admite dados oriundos do SurveyMonkey, pois é a única ferramenta utilizada neste trabalho para a coleta e tratamentos de dados, assim como o SPSS 19 (Statistical Package for Social Science for Windows).

4.4 Formas de Divulgação do Questionário

O questionário poderá ser divulgado da forma tradicional, em papel, contendo as devidas informações e o link de acesso. Em geral, divulgações desse tipo podem ser feitas nas coordenações dos cursos das universidades e das escolas, assim como em outros setores também. Por exemplo: na esquina de alguma praça do centro da cidade, ou na frente de lojas movimentadas. Tal aventura depende do público que se quer abordar para ter uma maior representatividade da amostra.

O próprio SurveyMonkey fornece maneiras mais simples e otimizadas para a divulgação da pesquisa. São elas:

- Novo link da web

Com essa ferramenta, é possível criar outro link da web para enviar via e-mail ou publicar em algum sítio da web. Basta copiar e colar o código HTML da pesquisa para adicionar o link a qualquer página da web.

- E-mail

Envia convites personalizados de e-mail para os contatos selecionados em uma lista e fornece, ainda, uma ferramenta de rastreamento de quem responde a lista.

- Site da web

Incorpora o questionário em sítios pessoais ou o exibe em uma janela popup. As ferramentas são:

→ Popup de convite - Faz com que as pessoas que visitam uma determinada página do site em questão, recebam um convite popup para responder ao questionário.

→ Popup de questionário - Faz surgir uma janela popup com o questionário, quando alguém visita uma determinada página do sítio escolhido.

- Amigos do mural do Facebook

Compartilha o questionário com amigos e colegas, colocando a pesquisa no mural do Facebook.

- Página do Facebook

Integra o questionário diretamente à página do Facebook com o aplicativo para Facebook do SurveyMonkey.

Ter uma página no Facebook permite criar uma comunidade com fãs atuais ou futuros de uma organização, de um produto etc. Com o aplicativo SurveyMonkey-Facebook, é possível alcançar facilmente um público direcionado de amigos, colegas, clientes, alunos etc. Basta adicionar o aplicativo à sua página do Facebook, conectar-se à conta do SurveyMonkey e, então, incorporar o questionário à página. Todas as respostas coletadas pelo questionário incorporado são entregues automaticamente à conta do administrador do SurveyMonkey.

O SurveyMonkey possui outros recursos para divulgação dos questionários, como o MallChimp e com a compra de públicos-alvo. Ambos cobram valores consideráveis para ser utilizados, porém permitem até que seus questionários sejam distribuídos para grandes públicos fora do país.

4.5 Problemas, Vantagens e Desvantagens da Utilização da Internet

Existem problemas de aspecto prático, como a necessidade de uma boa conexão, pois quanto mais lento for o carregamento da página, menor será a paciência e a aplicação do respondente em terminar o questionário. Podem também acontecer desvios de atenção por parte do respondente, devido a outras utilizações simultâneas na internet, acarretando desistências no preenchimento do inquérito, entre outros problemas.

Existem também os problemas de abordagem, que são referentes à amostra. A amostragem por conveniência é caracterizada por uma abordagem não-sistemática (não existem critérios e nem sorteios) em recrutar respondentes, geralmente permite que um potencial respondente se auto selecione para a amostra. Considerando a teoria não-probabilística de amostragem do tipo Bola de Neve, como o próprio nome sugere, cada vez mais a amostra pode crescer sem nenhum controle por parte do pesquisador, ODILON (1994).

Qualquer amostra na qual a probabilidade da inclusão de um membro não possa ser computada, deve ser considerada uma amostra por conveniência (SCHONLAU, FRICKER e ELLIOTT, 2002). A aplicação de técnicas estatísticas em amostras por conveniência não é recomendada, pois, em sua maioria, exigem amostras aleatórias. Portanto, toda pesquisa de opinião feita na internet, pela divulgação de links, fica sujeita a esse tipo de problema de amostragem.

Quanto às vantagens de usar a internet, podem-se citar algumas: não se usa papel para quase nada, logo os gastos com: impressões, postagens de instrumentos de pesquisa, deslocamento, tempo gasto com os processos de divulgação e envio, o custo com o recrutamento de pessoal, a facilidade em se fazer os cruzamentos das respostas usando o software adotado, todas essas facilidades, representam uma considerável economia ao final da pesquisa. Muitos autores apontam tais benefícios na utilização de pesquisa tipo inquérito via web e e-mail, entre os quais: COUPER (2000); COBANOGLU, WARDE, and MOREO (2001); COUPER, TRAUGOTT, and LAMIAS (2001); SILLS and SONG (2002); DILLMAN (2000); SCHAEFER e DILLMAN (1998).

As desvantagens na utilização da internet para a realização de pesquisas do tipo inquérito orbitam em torno do assunto taxas de respostas.

Alguns estudos sugerem que em populações com acesso à Internet, as taxas de resposta para e-mail e pesquisas web podem não coincidir com as taxas de respostas de outros métodos de pesquisa COUPER (2000). Embora a abrangência seja maior quando se utilizam pesquisas pela internet, as pesquisas presenciais obtêm uma maior taxa de resposta.

A divulgação da pesquisa pode sofrer influências negativas do próprio meio onde se realiza o inquérito. O fluxo de informações na World Wide Web é intenso, e há a produção de muito lixo eletrônico e propaganda inconveniente. No caso dos e-mails são os Spams e se tratando de sítios, são os Popups. Quando um e-mail enviado cai na pasta Spam, a chance de ele ser lido é remota. De forma parecida são as propagandas que aparecem em pequenas janelas no canto dos sítios, os Popups. Além deles ocuparem um espaço que muitas vezes atrapalha a leitura de links e textos do próprio sítio em que eles se encontram, representam também um tipo de poluição visual, desmotivando o provável respondente a abrir ou clicar no Popup.

4.6 Elementos de Uma Pesquisa de Opinião Pública

Os elementos básicos de uma pesquisa de opinião, segundo IAEA (1999), são:

- Identificação do problema (uma necessidade real de obter a informação desejada).
- Definição do objetivo (que informação é necessária).
- Métodos de pesquisa
    - Exploratório - estudos preliminares;
    - Descritivo - descrever a situação;
    - Explicativos - identificar fatores que determinam a ocorrência de fenômenos;
    - Experimental - manipulação da realidade dentro de condições predefinidas.
- Métodos de coletas de dados
    - Observação;
    - Entrevista direta (frente a frente);

- Entrevista por telefone;
- Levantamento por correio eletrônico ou web sites;
- Grupos focais.
• Elaboração de questões:
  - Listar os pontos importantes e verificar se eles estão dentro do objetivo da pesquisa;
  - Utilizar a linguagem do público;
  - Simular a resposta para verificar se há ambiguidade sobre a falta de alternativas;
  - Verificar o formato e conteúdo;
  - Testar o questionário;
  - Atribuir e balancear os pesos dados aos diversos tipos de perguntas.
• Técnicas de amostragem:
  - Probabilístico - simples e estratificada sistemática e em grupos, ou
  - Não-probabilístico - por conveniência ou por decisão judicial.
• Cálculos estatísticos, distribuição de Gauss.
• Trabalho de campo - planejamento e treinamento.
• Análise dos dados - codificação, banco de dados.
• Representação dos resultados - porcentagens, gráficos, diagramas.
• Avaliação geral e conclusões.
• Recomendações.

Tais elementos supracitados, que configuram uma pesquisa, não são rigorosamente aplicáveis de uma única forma, ou seja, de uma única maneira ou por regra. Muitos autores e empresas de pesquisas públicas, tanto nacionais como internacionais, atribuem pesos e qualificações distintas muitas vezes ao mesmo tema. Apenas para vislumbre de tal espalhamento nas definições quanto aos tipos de pesquisas, ou métodos de pesquisa, e também aos métodos de coletar dados ou técnicas, pode ser observado na

Tabela 7 que apresenta um resumo dos principais tipos de pesquisa, com ideias soltas e agrupadas, com diferentes autores, para um melhor entendimento. A Tabela 7 mostra tipos apresentados por autores que não fizeram agrupamentos.

Tabela 7: Tipos de delineamentos de pesquisas sem agrupamentos, BEUREN E RAUPP (2008).

BRUYNE (1977)	CERVO E BERVIAN (1983)	DEMO (1985)	TRIVINOS (1987)	GIL (1999)
Estudo de caso	Pesquisa bibliográfica	Pesquisa teórica	Estudos exploratórios	Pesquisa bibliográfica
Comparação	Pesquisa descritiva	Pesquisa metodológica	Estudos descritivos	Pesquisa documental
Experimentação	Pesquisa experimental	Pesquisa empírica	Estudos experimentais	Pesquisa exploratória
Simulação		Pesquisa prática		Pesquisa ex-post-facto
				Pesquisa descritiva
				Levantamento
				Estudo de campo
				Estudo de caso

A partir da observação da tabela, notam-se diferenças entre os tipos. Dentre essas diferenças, percebe-se a predominância de dois tipos de pesquisa: o experimental, e o descritivo e a aproximação entre CERVO E BERVIAN (1983) e TRIVINOS (1987) quanto à abordagem desses dois tipos de pesquisas. Com relação aos demais tipos, evidencia-se uma grande diferença.

A grande variedade de tipos de pesquisa dificulta uma escolha acerca de qual metodologia utilizar na realização de um trabalho. Pois, além dos tipos de delineamento de pesquisa sem agrupamentos, temos os tipos de delineamento de pesquisa com agrupamentos, observados na Tabela 8.

Tabela 8: Tipos de delineamentos de pesquisas com agrupamentos, BEUREN E RAUPP (2008).

ANDRADE (2002)	VERGARA (1997)	SANTOS (1999)
Quanto à natureza:	Quanto aos fins:	Quanto aos objetivos:
Trabalho científico original Resumo de assunto	Exploratória Descritiva Explicativa Metodológica	Exploratórias Descritivas Explicativas

	Aplicada Intervencionista	Quanto aos procedimentos de coleta:
Quanto aos objetivos: Pesquisa exploratória Pesquisa descritiva Pesquisa explicativa	Quanto aos meios: Pesquisa de campo Pesquisa de laboratório Tematizada Documental Bibliográfica Experimental Ex-post-facto Participante Pesquisa-ação Estudo de caso	Experimento Levantamento Estudo de caso Pesquisa bibliográfica Pesquisa documental Pesquisa-ação Pesquisa participante Pesquisa ex-post-facto Pesquisa quantitativa Pesquisa qualitativa
Quanto aos procedimentos: Pesquisa de campo Pesquisa de fontes de papel		
Quanto ao objeto: Pesquisa bibliográfica Pesquisa de laboratório Pesquisa de campo		Quanto às fontes de informação: Campo Laboratório Bibliográfica

As Tabelas 7 e 8 mostram que existem muitas semelhanças quanto aos tipos de pesquisa. Por exemplo, algumas pesquisas, como a exploratória, descritiva e a explicativa, são evidenciadas nos dois grupamentos.

"Assim, diante das inúmeras tipologias evidenciadas, é preciso refletir sobre as que guardam uma relação mais estreita com o que se pretende em termos de investigação numa pesquisa de opinião", BEUREN e RAUPP (2008).

Voltando aos elementos básicos de uma pesquisa de opinião, na expectativa de iluminar o trajeto percorrido até o momento, a pesquisa contida neste trabalho será distribuída em doze passos, apresentados na Figura 23.

Figura 23: Pirâmide simplificada representando os doze passos da pesquisa de opinião.

4.6.1 Tema Da Pesquisa

Este é o primeiro passo do processo de elaboração de uma pesquisa, a determinação do tema. Para GOLDENBERG (1997), qualquer assunto da atualidade poderia ser objeto de uma pesquisa científica. Porém, a escolha deve basear-se em critérios de relevância e de oportunidade, além dos conhecimentos prévios sobre o assunto que o pesquisador deverá ter sobre a área de trabalho proposta, no caso, a área nuclear. Além disso, é importante que a relevância do tema se destine a três beneficiários: a ciência, a escola e a sociedade, SANTOS (1999).

As relevâncias científicas e sociais necessitam estar dentro de um quadro metodológico ao alcance do pesquisador, assim como áreas novas a se explorar. O tema desta pesquisa fica explicitado da forma: "A Influência dos Mitos e Assertivas Antinucleares Sobre o Estado Geral da Opinião Pública".

4.6.2 Linha De Pesquisa

O pesquisador, antes de escrever um projeto, deve decidir qual corrente da filosofia ou teoria do conhecimento o orientará dentro do quadro escolhido, de forma que possa se aproximar do fenômeno. Isso significa revisar o conhecimento acumulado até o momento. Deve-se realizar uma interpretação do fenômeno, histórica ou atualizada, analisando suas diversas perspectivas, mediante referência ao que já se escreveu. A partir desse ponto é que o pesquisador formulará o problema, as hipóteses, e dirá quais serão as suas contribuições, teóricas e práticas (RICHARDSON, 1999).

O quadro referencial deste trabalho ou marco teórico são as repercussões distorcidas divulgadas pela mídia com relação, principalmente, aos acidentes de Chernobyl e de Fukushima, com ênfase na obtenção de um painel que apresente o conhecimento e o grau de aceitação sobre a energia nuclear.

4.6.3 O Problema

Albert Einstein costumava dizer que a formulação de um problema é mais importante que a sua solução, E-BIOGRAFIAS (2013). Segundo ele, as questões atuais, em todo o mundo, se relacionariam muito mais com os problemas que deixamos de abordar do que com os problemas que não conseguimos resolver.

O problema é uma questão não resolvida, algo para o qual se vai buscar uma resposta, através de pesquisa.

A definição do problema é parte decisiva do planejamento de uma pesquisa, pois obriga o pesquisador a fazer uma profunda reflexão. O empenho na formulação do problema resulta num bom planejamento, que facilitará a elaboração do respectivo trabalho, ANDRADE (2002).

Para RUIZ (1996), formular o problema consiste em dizer, de maneira explícita, clara, compreensível e operacional, qual a dificuldade com a qual nos defrontamos e que pretendemos resolver, limitando o seu campo e apresentando suas características. Desta forma, o objetivo da formulação do problema é torná-lo individualizado, específico e inconfundível.

O problema desta pesquisa orbita em torno dos seguintes fatos:

O mundo tomou conhecimento da energia nuclear através da bomba atômica. As percepções erradas ou distorcidas, concernentes à utilização das usinas nucleares para a geração de energia elétrica e das suas tecnologias estabelecidas ao longo dos anos, se perpetuam. Somado aos poucos acidentes ocorridos, o silêncio das autoridades, quebrado apenas em épocas de crises ou ocorrências de acidentes, cria um cenário cada vez mais favorável à desconfiança e ao crescimento da hostilidade pública acerca da opção nuclear.

O desconhecimento causa medo. Assim, se o cidadão desconhece o que é energia nuclear, ele tem medo.

A informação, por si só, não pode mudar a opinião pública de forma significativa ou atenuar todas as preocupações e medos. No entanto, a falta de informação ou a propagação distorcida da informação levam ao fortalecimento da resistência e da hostilidade pública que, por sua vez, poderá restringir cada vez mais a opção nuclear.

Um exemplo, para romper esse ciclo de medo e desconhecimento, seria a criação de campanhas nacionais de esclarecimento sobre energia nuclear, tais como as de câncer de mama e de próstata e a de prevenção do H1N1.

Para o desenvolvimento de campanhas bem sucedidas é necessário o levantamento de informações a respeito do público alvo, descobrir como o medo se forma e como pode ser transpassado, o que representa um desafio a ser feito através da pesquisa de opinião, visando melhores ações na tentativa de elucidar o público.

4.6.4 A Hipótese

Para RUIZ (1996), hipótese é uma suposição que se faz na tentativa de explicar o que se desconhece. Essa suposição tem por característica o fato de ser provisória, devendo, portanto, ser testada para a verificação de sua validade. Trata-se de antecipar um conhecimento na expectativa de que possa ser comprovado.

Hipótese é uma proposição que pode ser colocada à prova para determinar sua validade. Nesse sentido, hipótese é uma suposta resposta ao problema a ser investigado. A origem das hipóteses poderia estar na observação assistemática dos fatos, nos resultados de outras pesquisas, nas teorias existentes, ou na simples intuição (GIL, 1999).

Ainda segundo GIL (1999), a hipótese de trabalho, usada no estudo de caráter exploratório ou descritivo, é necessária para que a pesquisa apresente resultados úteis, ou seja, atinja níveis de interpretação mais altos.

As hipóteses deste trabalho são:

Que a mídia influência o público negativamente com informações distorcidas e até mesmo erradas sobre a utilização da energia nuclear.

Que tais informações propagadas ao longo dos anos viraram mitos.

Que a população tem medo da energia nuclear, e é carente de informações técnicas e gerais sobre o tema e tende a evitar a qualquer custo a sua utilização.

Que a comunicação, atualmente, entre órgãos competentes e a população são totalmente ineficientes.

Que a solução dos problemas está nas campanhas e na adoção de porta-vozes e símbolos que representem todos os órgãos de geração, controle, investimento e pesquisa da energia nuclear, atribuindo mais credibilidade e status ao setor nuclear, fomentando diversos investimentos em saúde, esportes, meio ambiente etc.

4.6.5 O Objeto Da Pesquisa

De uma forma mais concreta, utilizando um campo de futebol como pesquisa, um dos objetos desse universo poderia ser a bola ou um dos jogadores. Utilizando uma mesa de escritório, o objeto desse trabalho facilmente, poderia ser representado por uma caneta ou uma luminária. Tal conceito transmite a ideia de um objeto material.

RUIZ (1996) estabeleceu uma diferenciação entre objeto material e objeto formal. Para o autor, não é o objeto material que caracteriza uma ciência: na verdade, o mesmo objeto material pode ser atingido por diferentes modos de conhecer. O objeto "homem", por exemplo, pode ser atingido pela poesia, pela filosofia, pela religião, e pelas ciências, como a psicologia, a biologia e a sociologia. O que caracterizaria a ciência seria o seu objeto formal, isto é, a maneira peculiar, o aspecto, ou o ângulo sob o qual atinge seu objeto material.

Entretanto, para VERA (1989), o objeto de uma pesquisa é o problema.

Discordando de VERA (1989), e concordando com o enunciado proposto por RUIZ (1996), define-se o objeto desta pesquisa como: "A opinião da população frente às questões nucleares".

4.6.6 O Tipo De Pesquisa

As pesquisas descritivas têm como objetivo a descrição das características de determinada população ou fenômeno, ou o estabelecimento de relações entre variáveis. Uma de suas características mais significativas está na utilização de técnicas padronizadas de coleta de dados.

Dentre as pesquisas descritivas salientam-se as que têm por objetivo estudar as características de um grupo: sua distribuição por idade, sexo, procedência, nível de escolaridade, opiniões, atitudes, crenças, etc.

As pesquisas descritivas são, juntamente com as exploratórias, as que habitualmente realizam os pesquisadores sociais preocupados com a atuação prática. São também as mais solicitadas por organizações como instituições educacionais, empresas comerciais, partidos políticos, etc. (GIL, 1999).

As pesquisas: exploratória, descritiva, de opinião, de atitude, de motivação, estudo de caso, análise do trabalho e pesquisas documentais, são pesquisas nas quais o pesquisador procura conhecer e interpretar a realidade. Interessa-se em descobrir e observar fenômenos, procurando descrevê-los, classificá-los e interpretá-los.

Os dados obtidos, em qualquer uma dessas pesquisas, sejam qualitativos ou quantitativos, por amostragem, probabilísticas ou não-probabilísticas, devem ser analisados e interpretados.

De acordo com GIL (1999), define-se a presente pesquisa, como sendo do tipo, exploratória e por amostragem não-probabilística.

4.6.7 Métodos, Metodologias E Técnicas

As diferenças entre as abordagens de pesquisa são definidas tanto pelos seus métodos quanto por suas metodologias. Os métodos referem-se a como os dados são coletados, a metodologia refere-se à escolha e uso da melhor abordagem para tratar de um problema teórico ou prático. Em outras palavras, o método refere-se a 'como coletar os dados', a metodologia refere-se a 'porque coletar os dados de certa forma'. (BUENO, 2003).

Aos fenômenos da natureza e da sociedade, nos quais se concentra um nível de abstração elevado e se gera um grande leque de abordagens, são encerrados os métodos de abordagem, que englobam:

- Método indutivo: que caminha para planos mais abrangentes, indo das constatações particulares às leis e teorias gerais.

- Método dedutivo: parte das leis e teorias e prediz a ocorrência de fenômenos particulares.

- Método hipotético-dedutivo: inicia-se pela percepção de uma lacuna nos conhecimentos, formula-se uma hipótese e, pelo processo dedutivo, testa a predição da ocorrência de fenômenos.

- Método dialético: penetra o mundo dos fenômenos através de sua ação recíproca, da contradição inerente ao fenômeno e da mudança dialética que ocorre na natureza e na sociedade.

Em relação aos "tipos" de estudos existentes, todo processo investigativo, conforme suas características pode ser classificado como pesquisa "qualitativa" ou pesquisa "quantitativa". As pesquisas quantitativas se voltam para a mensuração estatística dos dados, e as qualitativas trabalham com interpretações, buscando muitas vezes aprofundar certas questões, na tentativa de, por exemplo, "entender" cenários e comportamentos.

Quanto às "técnicas" de busca de dados, podem-se destacar as seguintes: a) pesquisa documental e bibliográfica (papel, vídeo, áudio, digital); b) análise de conteúdo; c) entrevistas pessoais (face a face, por telefone, via Internet); d) entrevistas em profundidade (face a face); e) questionários de autopreenchimento (pessoal, via postal, e-mail e via Internet); f) observação (participante e não-participante); g) grupos de discussão; h) painéis de debates (com colaboradores, clientes, consumidores); i) conversas informais (pessoais e grupos).

As técnicas empregadas variam de acordo com o tipo de pesquisa ou levantamento a ser realizado. É importante salientar que a qualidade e o aprofundamento das análises de cada estudo dependem muito das escolhas do tipo de pesquisa e da técnica empregada. Por isso, o pesquisador deve buscar conhecer as especificidades de cada uma delas, incluindo adequações, vantagens e desvantagens desses modelos de levantamento, FORTES (2003).

Tomando como base os conceitos formulados acima, neste trabalho se usará o método de abordagem como método hipotético-dedutivo, e as técnicas do questionário e da análise de conteúdo, conforme explicitado a seguir.

4.6.8 Análise Do Conteúdo E Tipo De Questionário

A análise de conteúdo é uma técnica de pesquisa para a descrição objetiva, sistemática e quantitativa do conteúdo abordado da comunicação, LAKATOS & MARCONI (1999).

O questionário será do tipo web, no qual os dados coletados serão armazenados num provedor, no qual o administrador terá livre acesso a todos os recursos. Ao término do inquérito, o respondente poderá observar as frequências de cada resposta, realizada até o referido instante pelos outros respondentes, e comparar com as próprias respostas. Haverá a análise das mensagens espontâneas enviadas pelos respondentes sob a forma de e-mails ao final do inquérito online, contendo suas dúvidas, sugestões ou críticas. Após o fechamento da página que contém o questionário, o respondente será encaminhado a uma página específica na qual poderá tirar suas dúvidas ou alimentar a sua curiosidade acerca da utilização da energia nuclear e suas tecnologias.

4.6.9 Roteiro Para A Realização Da Pesquisa

Para a realização das pesquisas sociais, podem-se utilizar alguns instrumentos, são eles: questionários, anotações de observações, entrevistas pessoais, por telefone, por mala direta, pesquisas pela internet, entre outros. No presente trabalho, se utilizará um questionário tipo web. O questionário online se caracteriza pela remessa do link ao pesquisado que, ao entrar no sítio, o preencherá e o enviará para o banco de dados do servidor. As entrevistas permitem maiores observações por parte do pesquisador, mas exigem-lhe mais tempo e deslocamento, que se traduzem em custos maiores. O questionário, se por um lado torna a pesquisa menos dispendiosa, pois é preenchido pelo próprio componente da amostra, apresenta também seus inconvenientes: risco de extravio, ser classificado como spam, desinteresse do respondente ou falta de educação formal que lhe permita entender e responder aos questionamentos, entre outros, conforme aponta SELLTIZ (1974:270).

Quando são feitas entrevistas ou elaborados questionários em pesquisas quantitativas, é conveniente a padronização das perguntas, para assegurar que todos responderão às mesmas indagações. As perguntas, porém, podem ter alternativas fixas ou serem abertas.

A característica distintiva das perguntas abertas é o fato de apenas apresentarem uma questão, mas não apresentam nem sugerem qualquer estrutura para a resposta; a pessoa tem a oportunidade de responder com suas palavras e com o seu quadro de referências (SELLTIZ, 1974:270). Torna-se importante para a pesquisa de opinião a utilização das perguntas fechadas devido à objetividade, porém é interessante ter também algumas questões abertas, mesmo que não sejam obrigatórias e não precisem de nenhum tipo de contagem de palavras para síntese. O seu papel seria apenas o de complementação.

Definido o problema de estudo, das hipóteses e do tipo de perguntas que serão abordadas na pesquisa, a elaboração do questionário, e da sua estrutura, deverá ser moldada a partir de tais definições.

4.6.10 Criação E Aplicação Do Questionário Online

A entrevista, o questionário, as perguntas abertas e as alternativas fixas exigem uma série de cuidados para serem criadas. A elaboração das perguntas deve ser feita com critérios.

Alguns dos cuidados para a elaboração das perguntas são:

a) As perguntas devem ser fáceis de entender, para que possam ser compreendidas por pessoas com qualquer grau de instrução. (Salvo, evidentemente, se a pesquisa for dirigida a um universo composto de pessoas com o mesmo grau de instrução, ou quando a mensuração do grau de compreensão fizer parte do objeto da pesquisa);

b) Pode ser muito difícil a comunicação de uma pessoa com alto grau de informação e/ou instrução escolar com outra pessoa de baixo grau de informação e/ou instrução;

c) Perguntas difíceis, que exijam algum raciocínio do pesquisado, devem estar no início da entrevista, para não lhe esgotar logo a paciência; mas essas não podem ser as primeiras, para não o espantar;

d) Pessoas com maior grau de informação e/ou instrução podem relutar em dizer que não sabem alguma coisa, ou se irritarem diante de uma pergunta corriqueira cuja resposta desconheçam;

e) As perguntas devem se referir a fatos e passados. Caso se queira saber se o entrevistado gosta de cinema, não se pergunta: "O (a) S.r. (a). gosta de ir ao cinema?". Nem tampouco perguntas do tipo: "Se na sua cidade existissem mais cinemas, o (a) S.r. (a). assistiria mais filmes?". O correto é perguntar: "O S.r. (a). foi ao cinema no último mês?". Ou se pode também perguntar variações do tipo: "Quantas vezes o (a) S.r. (a). foi ao cinema nos últimos seis meses?";

f) A gravação da entrevista, em lugar da anotação, pode constranger o entrevistado, ou deixá-lo pouco à vontade para dar as informações que o pesquisador deseja;

g) A quantidade de perguntas a serem feitas a entrevistados em pesquisas quantitativas deve ser pequena, sendo ideal fazer em torno de dez perguntas, pois: g.1) há menos desgaste do pesquisador; g.2) o custo da pesquisa é menor; g.3) o entrevistado não se cansa de responder nem se aborrece com o tempo gasto; g.4) a tabulação e análise dos dados ficam mais compreensíveis, já que o excesso de perguntas pode, inclusive, torná-la de difícil compreensão, ou torná-la extremamente cara;

h) Nas pesquisas quantitativas, é recomendável que as perguntas que não forem com alternativas fixas (a serem apresentadas ao entrevistado), contenham respostas prováveis, a serem assinaladas (pelo pesquisador); mas sempre convém deixar espaço em branco para uma resposta imprevista;

i) Na elaboração de perguntas, devem ser evitadas expressões que gerem emoções (salvo quando fizerem parte do objeto de pesquisa); exemplos de expressões que geram emoções: "procurar seus direitos" (traz a conotação de conflito); "ficar em situação difícil" ou "meter-se em complicações" (em geral significam transgressão de leis ou de regras morais, ou, ainda, participação em confusões, sendo assim, termos que podem ser vistos como ofensivos);

O primeiro roteiro de entrevista ou questionário elaborado não é o definitivo, pois se deve fazer um pré-teste. Pré-teste é a aplicação prévia do roteiro da entrevista ou questionário da pesquisa, com a finalidade de verificar se as perguntas estão bem formuladas, se estão compreensíveis, numa ordem agradável etc. Só depois de verificar que as perguntas estão inteligíveis, e que os entrevistados estão se comportando positivamente perante elas, é que se fará a versão definitiva do instrumento de pesquisa, MARQUES (2004). Definindo por último então, as mídias e redes sociais em que o link do questionário irá circular.

4.6.11 Análise De Dados

A aplicação do instrumento de pesquisa será o momento em que se irá a campo para efetuar as entrevistas ou será o momento de divulgação do questionário. Após esta aplicação, será feita a análise das informações coletadas com verificação de hipóteses, seja pela leitura do conjunto de respostas, seja pelo cruzamento de variáveis etc. O passo seguinte será a elaboração do relatório de pesquisa. Este relatório, que é a comunicação ordenada e em linguagem científica do resultado da pesquisa, tanto pode ser dirigido à comunidade científica (caso se trate de pesquisa pura ou aplicada para fins meramente científicos), ou a quem o encomendou (se tratando de pesquisa eleitoral ou de mercado). Quando o relatório é uma comunicação à comunidade científica, pode se traduzir num trabalho de conclusão de curso, numa dissertação de mestrado ou tese de doutorado, ou num relato a quem financiou a pesquisa (MARQUES, 2004).

A obtenção dos dados a partir dos questionários, previamente pensados, e da tabulação dos resultados, carecem de muito trabalho e dedicação por parte das pessoas envolvidas no processo de pesquisa. Entretanto, o passo que envolve maior empenho e, sobretudo, esforço ético-profissional é a interpretação dos dados. Sem mencionar, o fato de que os princípios éticos e morais devem ser perseguidos desde o início do processo de formulação do questionário, para que seja possível se chegar a resultados válidos a partir de uma avaliação final igualmente ética.

No caso de uma pesquisa quantitativa, exploratória e com amostragem não-probabilística (já que a população da amostra pertence à World Wide Web, ou seja, a teia de alcance global, torna-se, então, impossível a sua representatividade, devido à grande parte dos elementos não compartilhar da mesma chance de seleção). Os segmentos da pesquisa, como escolaridade, estado ou município de origem, idade, sexo, entre outros, podem ajudar na representatividade da amostra, com comparações diretas dos mesmos seguimentos apontados pelo censo demográfico, obtidos por pesquisas do IBGE, e pelo censo educacional, obtido por pesquisas do INEP. Quanto menor for a diferença entre as características da amostra e as da população, maior será a representatividade, assim como será maior a abrangência da pesquisa.

4.6.12 Conclusões E Recomendações

Essa é a parte final do trabalho, na qual todos os levantamentos já foram feitos, todos os dados já foram verificados, comparados e projetados para algum tipo de representação.

As conclusões aplicam-se de forma a ratificar ou confrontar as hipóteses. Toda a teoria absorvida ao longo da pesquisa deve ser capaz de ajudar o pesquisador a sintetizar os resultados de forma a se gerar sugestões para futuras pesquisas, listando também as dificuldades encontradas durante o desenrolar da mesma.

4.7 Tratamento Estatístico

Existem testes estatísticos utilizados em pesquisas probabilísticas, como o Teste t de Student, Anova e o Teste do Qui-Quadrado. Este último é utilizado também em pesquisas não probabilísticas, ou seja, não depende dos parâmetros populacionais, como média e variância. Porém, sua abordagem consiste em comparar as possíveis divergências entre as frequências observadas e esperadas para um dado evento. As variáveis tratadas no questionário do presente trabalho, não estão associadas às frequências (valores, pesos e números) e sim a caracteres (texto, palavras, frases etc.), não sendo possível a utilização deste teste. No mais, não há modelo comparativo que justifique a sua utilização, MEDRI (2011).

Nessa abordagem, a finalidade é obter dos dados a maior quantidade possível de informação, que indique modelos plausíveis a serem utilizados numa fase posterior, a análise confirmatória de dados ou inferência estatística. A estatística utilizada é a descritiva, e através dos dados e softwares do Surveymonkey. Com o auxílio do SPSS 19 (Statistical Package for Social Science for Windows) foi feito o tratamento estatístico, com a obtenção dos gráficos, tabelas e cruzamentos necessários para a realização dos objetivos do trabalho.

5. PESQUISA DE OPINIÃO E RESULTADOS DESCRITIVOS

N este capítulo será apresentada a base de dados do questionário. Nas seções seguintes, serão apresentas uma estatística descritiva, resultados e comentários.

5.1 Base de Dados

Trata-se de uma pesquisa de caráter exploratório, descritiva e analítica, apoiada em abordagem qualitativa. A partir de um questionário online[5] (contendo questões fechadas e abertas) o qual possui 19 perguntas, divididas em tópicos, com o objetivo de investigar as concepções sobre energia nuclear, foram respondidos 911 questionários pelos alunos de cursos universitários, pósgraduação e ensino médio de diferentes instituições públicas e privadas do Rio de Janeiro e até mesmo de outras regiões do Brasil no ano de 2012. A amostragem foi aleatória, porém ficou restrita principalmente a estudantes do ensino médio em sua maioria e a estudantes de outros níveis de escolaridade, que concluíram, estão concluindo ou interromperam os estudos por algum motivo. A amostragem não gerou impactos no resultado da pesquisa, pois o nível de abrangência educacional manteve-se aleatório.

5.2 Resultados Descritivos e Comentários

5.2.1 Dados Demográficos

Inicialmente se realizará uma breve análise descritiva dos dados demográficos.

Das 911 pessoas entrevistadas, aproximadamente metade eram do sexo feminino e a outra metade, do sexo masculino, conforme indica a Tabela 9.

Tabela 9: Sexo

	Porcentagem de Resposta	Contagem de Resposta
Masculino	48,4%	441
Feminino	51,6%	470

Com relação à idade dos participantes, 64% possuem até 19 anos. Isso se deve ao fato da maioria dos entrevistados ser alunos do 3º ano do ensino médio. As demais faixas de idade apresentam distribuições parecidas, conforme indicado na Tabela 10.

Tabela 10: Idade

	Porcentagem de Resposta	Contagem de Resposta
Até 19 anos	64,2%	585
20 – 24 anos	7,0%	64

25 – 29 anos	9,2%	84
30 – 34 anos	4,8%	44
35 – 39 anos	2,9%	26
40 – 50 anos	6,1%	56
Mais que 51 anos	5,7%	52

Quanto à localidade, ou seja, onde reside o respondente, 95% pertencem ao Estado do Rio de Janeiro, e desses, 80% são do município do Rio de Janeiro, 11% são de Angra dos Reis e o restante distribuído entre outros municípios. Aproximadamente 4% dos respondentes são de outros estados, de acordo com a Tabela 11.

Tabela 11: Local onde residem os respondentes.

	Municípios	Quantidade	%	Total (%)
Estado do Rio de Janeiro	Rio de Janeiro	699	80,06%	873 (95,82%)
	Angra do Reis	99	11,34%	
	Niterói	30	3,43%	
	Resende	17	2,00%	
	Outros municípios	28	3,17%	
	Estados	**Quantidade**	**%**	**Total (%)**
Outros Estados	São Paulo	17	44,73%	38 (4,18%)
	Minas Gerais	14	36,84%	
	Brasília	2	5,26%	
	Outros Estados	5	13,17%	

Pela Figura 24 é observada a proporção de entrevistados em relação ao seu nível de instrução, 68% dos respondentes pertencem ao ensino médio, 15,4% representam o número de graduados e graduandos, os outros 15% está na categoria "pós-graduação", as especializações, os mestres e doutores.

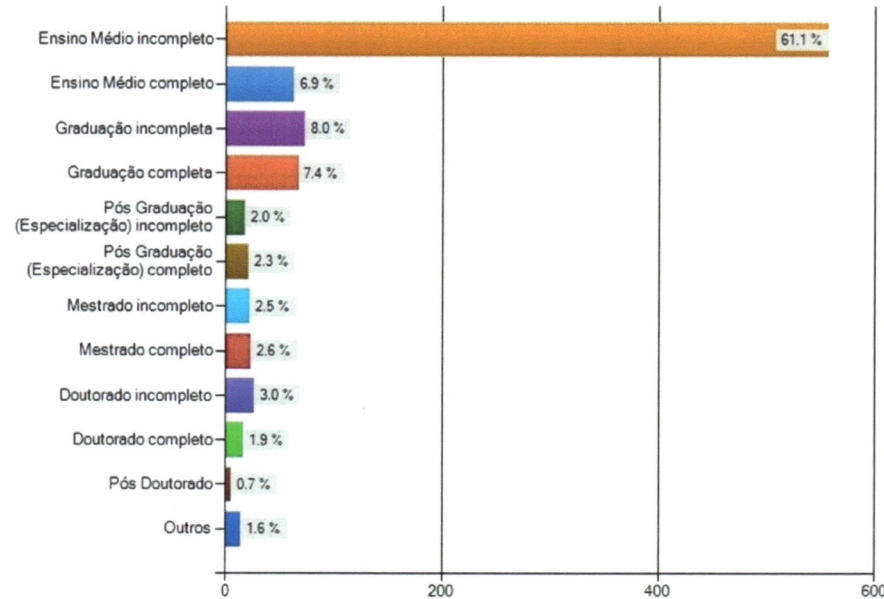

Figura 24: Nível de escolaridade

De acordo com a Figura 25, cerca de 50% cursaram ou estão cursando o ensino médio em escolas públicas e 15% em escolas particulares, já cerca de 7% cursaram ou estão cursando a graduação ou a pós-graduação em universidades particulares e 22% em universidades públicas.

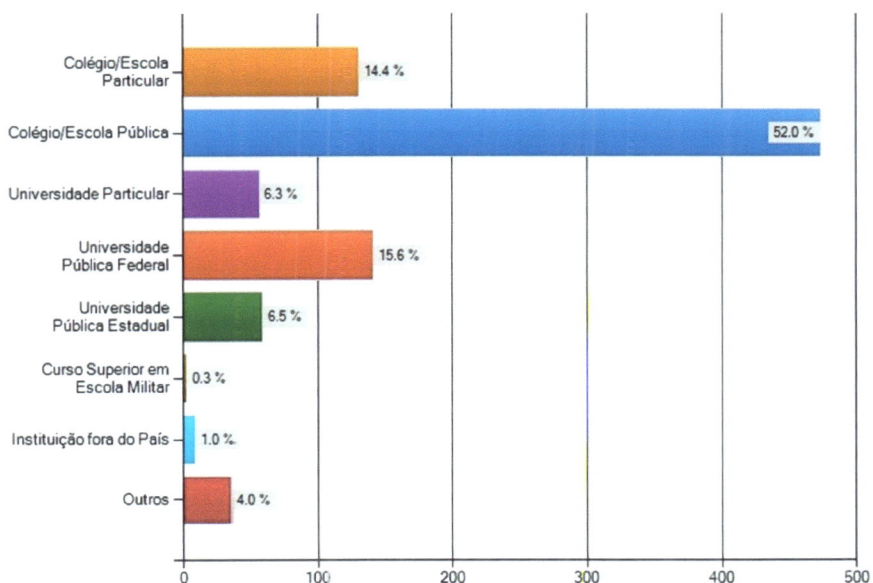

Figura 25: Local onde os respondentes estudam ou obtiveram suas habilitações de maior grau.

A questão aberta referente à parte opcional "Caso julgue necessário, cite o nome ou a abreviação da instituição", foi respondida por 592 pessoas dos 911 respondentes. A maioria pertence às escolas públicas, colégios estaduais do município do Rio de Janeiro, de Angra dos Reis e do Estado de São Paulo. Em relação às universidades particulares, a representação maior foi da PUC e da Universidade. As universidades públicas, tanto estaduais, quanto federais, tiveram representações da UNIRIO, UFF, UFRJ e da UNICAMP. Outras participações vieram do Centro Federal de Educação Tecnológica Celso Suckow da Fonseca (CEFET) e da Universidade de Aveiro, em Portugal.

A Tabela 12 sobre as áreas do conhecimento permitia apenas uma marcação por área, porém o respondente podia selecionar mais de uma área. Nesta foram escolhidos apenas os três cursos que obtiveram as maiores frequências de respostas.

Tabela 12: Áreas do conhecimento por curso ou afinidade.

Área	Curso	Quantidade	%	Total (%)

	Física	118	27,80%	425 (15,08%)
Ciências Matemáticas e Naturais	Matemática	109	25,60%	
	Química	48	11,30%	
Engenharias e Computação	Computação	102	24,20%	421 (14,93%)
	Eng. Civil	53	12,60%	
	Eng. Nuclear	36	8,60%	
Ciências Biológicas	Biologia	146	45,80%	319 (11,32%)
	Ecologia	26	8,20%	
	Zoologia	14	4,40%	
Ciências Médicas e da Saúde	Medicina	56	17,50%	320 (11,35%)
	Ed. Física	39	12,20%	
	Enfermagem	37	10,60%	
Ciências Agronômicas e Veterinárias	Veterinária	65	22,90%	284 (10,07%)
	Alimentos	54	19,00%	
	Agronomia	17	6,00%	
Ciências Humanas	Psicologia	48	13,60%	353 (12,52%)
	Geografia	47	13,30%	
	Educação	47	13,30%	
Ciências Socialmente Aplicáveis	Administração	70	20,50%	342 (12,13%)
	Direito	49	14,30%	
	Turismo	44	12,90%	
Linguagens e Artes	Música	68	19,30%	354 (12,56%)
	Línguas	58	16,10%	
	Literatura	57	12,90%	

5.2.2 Principais Conceitos Percebidos De Maneira Inadequada

A1) Lembranças Associadas

De acordo com as opções da questão referente à Tabela 13, 43% dos respondentes pensam em: "perigo de contaminação (risco de vida)", em seguida vem, com aproximadamente 42% dos pensamentos, a: "eletricidade", e em 3º lugar vem: "acidentes como o que ocorreu no Japão (Fukushima)" com 36%. A porcentagem das pessoas que responderam ao questionário, que pensam em: "energia limpa" corresponde a 25%. "Bomba atômica" vem em 5º lugar, com 20% e, por último, fica: "diminuição do aquecimento global", com aproximadamente 17%.

A Tabela 13 mostra, também, que os respondentes do sexo masculino, os moradores de Angra dos Reis, os pós-graduados e as áreas exatas, em relação às áreas do conhecimento, pensam mais em eletricidade que as demais categorias.

O pensamento em: "energia limpa", quando se fala em usinas nucleares, fica mais evidente para os pós-graduados.

Tabela 13: Pensamentos quando se fala em usina nuclear.

	Energia Limpa	Diminuição do aquecimento global	Eletricidade	Bomba Atômica	Perigo de contaminação (risco de vida)	Acidentes como o que ocorreu no Japão (Fukushima)
Feminino	11,1%	7,9%	23,3%	11,7%	**25,6%**	20,5%
Masculino	16,6%	10,7%	**22,1%**	10,0%	21,4%	19,2%
Rio de Janeiro	13,0%	9,1%	21,4%	11,5%	**24,2%**	20,9%
Angra dos Reis	10,9%	8,2%	**29,5%**	12,0%	22,4%	16,9%
Ensino Médio	11,1%	7,3%	22,7%	13,5%	**24,2%**	21,1%
Ensino Superior	10,9%	5,9%	21,8%	12,9%	**26,7%**	21,8%
Pós-Graduação	18,8%	11,5%	**23,2%**	5,9%	23,0%	17,6%
Ciências Matemáticas e Naturais	15%	11%	**23%**	11%	22%	18%
Engenharias e Computação	15%	11%	**24%**	10%	22%	18%
Ciências Humanas	12%	3%	19%	12%	**26%**	21%
Linguagens e Artes	12%	3%	21%	12%	**26%**	20%
Ciências Socialmente Aplicáveis	11%	8%	21%	12%	**25%**	21%
Ciências Médicas e da Saúde	11%	9%	21%	13%	**24%**	20%
Ciências Biológicas	13%	10%	21%	12%	**24%**	20%
Ciências Agronômicas e Veterinárias	11%	10%	22%	12%	**25%**	20%
Outras opções	11%	8%	21%	13%	**24%**	21%

Na questão aberta sobre o que os respondentes pensam acerca das usinas nucleares, as respostas foram divididas em três partes:

Parte 1: Pessoas que demonstram conhecimento sobre energia nuclear, que são a favor da utilização de termonucleares, e as que possuem muitos receios sobre a sua utilização, principalmente devido ao acidente de Fukushima e devido ao descarte dos rejeitos radioativos.

Parte 2: Opiniões radicais, pessoas contra a utilização da energia nuclear em todo o planeta, devido aos acidentes, à bomba nuclear, à política, ao custo da energia etc. Ou seja, haverá sempre uma melhor opção que a opção nuclear.

Parte 3: Pessoas que demonstraram um preocupante desconhecimento sobre o funcionamento de uma usina nuclear, um conhecimento baseado em mitos e lendas, como por exemplo: a explosão da usina, mutações de espécies próximas às usinas, degradação do meio ambiente, poluição, contaminação, câncer etc.

A quantidade de respostas à questão aberta, que era opcional, foi de 60 respondentes que deixaram suas opiniões. A Tabela 14 organiza em categorias estas respostas.

Tabela 14: Pensamentos quando se fala em usina nuclear divididos em categorias.

		%	Total
Parte 1	Demonstram conhecimento e são a favor da utilização de usinas nucleares.	18%	48%
	Demonstram conhecimento, porém possuem muitos receios.	30%	
		Total	
Parte 2	Opiniões radicais, pessoas contra a utilização da energia nuclear no planeta.	24%	
		Total	
Parte 3	Opiniões calçadas em lendas e mitos sobre as usinas nucleares.	28%	

A Tabela 15 trata da relação dos temores que pairam em torno da energia nuclear. Com relação às opções de resposta, tem-se que aproximadamente 70% dos respondentes acham que a causa do medo é devido aos: "acidentes ocorridos em usinas nucleares", em seguida com 48% vêm os que acreditam ser por "falta de informação a respeito". Em 3º lugar, com 37% está a opção: "devido à bomba atômica", em 4º vem: "devido a seu alto poder de energia e do difícil controle de sua utilização", e em último, com 15%, o medo relacionado a "por ela ser invisível".

Tabela 15: Causas do medo associado à energia nuclear

	Por ela ser invisível	Devido à bomba atômica	Pelos acidentes ocorridos em usinas nucleares	Devido às pessoas não possuírem muitas informações a respeito	Devido a seu alto poder de energia e do difícil controle de sua utilização	Outros
Feminino	7%	17%	35%	24%	15%	1%
Masculino	8%	19%	34%	23%	14%	2%
Rio de Janeiro	8%	18%	35%	22%	15%	2%
Angra dos Reis	6%	20%	35%	23%	14%	2%
Ensino Médio	8%	18%	36%	20%	16%	1%
Ensino Superior	6%	16%	36%	20%	17%	4%
Pós Graduação	7%	18%	31%	31%	11%	2%

As informações contidas na Tabela 15 trazem certa uniformidade quanto ao medo em relação à energia nuclear, tanto por gênero, escolaridade e localidade.

Dos respondentes, 28 contribuíram com suas opiniões. Em muitas das respostas, o medo da omissão e informação tardia pelos órgãos responsáveis caso ocorra um acidente representam um medo constante. A origem desse medo talvez seja devido ao acidente de Chernobil, quando o governo soviético procurou esconder o ocorrido da comunidade mundial, até que a radiação em altos níveis foi detectada em outros países.

Para alguns dos respondentes, apesar do baixo risco de ocorrer um acidente, as consequências de quando ocorre um acidente são catastróficas, semelhantes às de um acidente aéreo. Isso configura um estado de medo permanente.

Para outros respondentes, o papel da mídia, principalmente a dos telejornais e dos sítios de informações na internet, são os responsáveis pelo medo que recai sobre a energia nuclear. Pois os fatores negativos ganham muito mais espaço que os positivos.

A2) Crenças em Mitos

De acordo com a Tabela 16, a ocorrência de novos acidentes, como o de Fukushima e o de Chernobyl, representam as maiores preocupações e medos para os respondentes em relação ao funcionamento de uma usina nuclear.

As crenças em mitos como: "a poluição dos gases lançados na atmosfera" e "a probabilidade de desenvolver câncer no futuro devido à radiação que vem da usina" representam as preocupações de 4 em cada 10 respondentes aproximadamente, de acordo com a frequência de todas as marcações.

Em 4º lugar no ranking dos mitos está: "a chance de ocorrer algum tipo de mutação nas espécies de animais que vivem próximas à região", com aproximadamente 23% das marcações.

Em 7º lugar, aparece a opção: "o risco de o Brasil participar de uma guerra nuclear devido à construção da usina", com aproximadamente 17% das marcações.

Tabela 16: Preocupações provenientes do funcionamento de uma usina nuclear instalada próxima à cidade do respondente.

	Porcentagem de Resposta	Contagem de Resposta
A ocorrência de novos acidentes como os de Fukushima (Japão), ou de Chernobyl (Ucrânia);	56,7%	480
A poluição dos gases lançados na atmosfera pela usina nuclear;	39,0%	330
A probabilidade de desenvolver câncer no futuro devido à radiação que vem da usina;	38,9%	329
A chance de ocorrer algum tipo de mutação nas espécies de animais que vivem próximas à região;	22,6%	191
A oferta de empregos na cidade;	18,2%	154
A garantia de energia elétrica;	18,2%	154
O risco de o Brasil participar de uma guerra nuclear devido à construção da	16,9%	143

usina;		
O aumento desordenado da população;	16,0%	135
A desvalorização da região;	15,7%	133
A conservação das estradas e rodovias;	15,0%	127
A melhoria da qualidade e da infraestrutura das escolas;	10,2%	86
Nenhumas dessas opções representam uma preocupação para mim.	4,6%	39

As opiniões dos respondentes, que somaram 37 respostas sobre a questão referente à Tabela 16, foram sobre preocupações relacionadas aos rejeitos radioativos, prováveis transtornos com obras, meio ambiente, saúde, plano de evacuação, comunicação e problemas relacionados à política brasileira.

A3) Benefícios Percebidos e Benefícios Desejados

Com relação aos benefícios desejados, provenientes de um empreendimento em geral, construído próximo à cidade do respondente, de acordo com a Tabela 17, tem-se que: aproximadamente 70% desejam: "mais empregos em vários setores" e 63% gostariam de observar: "investimentos em educação em toda a região". Representam também os desejos dos respondentes, com 57% e com 55% a: "melhora na qualidade de vida" e "investimentos em saúde na região" respectivamente, logo em seguida vem a: "segurança", "melhoria nas estradas", "garantia de energia elétrica" e por último: "investimentos em lazer", com 45%, 44%, 40% e 33%, respectivamente.

Os graduados e graduandos do ensino superior apresentam um maior desejo em relação às ofertas de emprego, melhora na qualidade de vida e lazer próximos as suas cidades.

Tabela 17: Benefícios desejados, provenientes de um empreendimento em geral, construído próximo à cidade do respondente.

	Angra dos Reis	Rio de Janeiro	Ensino Médio	Ensino Superior	Pós Graduação
Investimentos na educação em toda a região	17%	15%	16%	14%	16%
Melhorias nas estradas	11%	10%	10%	9%	12%

Garantia de energia elétrica	9%	10%	10%	9%	8%
Mais empregos em vários setores	17%	17%	17%	18%	16%
Investimentos em saúde na região	12%	14%	14%	11%	14%
Melhora na qualidade de vida	14%	14%	14%	15%	15%
Maior segurança	11%	11%	11%	11%	10%
Maiores investimentos quanto ao lazer próximo à cidade	8%	8%	7%	12%	9%
Nunca pensei sobre isso	1%	1%	2%	1%	0%
Total	100%	100%	100%	100%	100%

Dos respondentes, 19 contribuíram com suas opiniões. Entre elas, a educação, saúde e empregos foram as mais comentadas.

Outras participações mostraram que, mesmo especificando na questão que se tratava de um empreendimento em geral, como por exemplo, quaisquer tipos de indústria, muitos respondentes registraram suas reprovações com relação às usinas nucleares e preocupações com o rejeito radioativo. As preocupações com a política ambiental e os problemas ambientais que seriam gerados com a construção de um novo empreendimento também representaram os desejos de melhorias e os receios referentes à questão.

Para determinar quais seriam os benefícios percebidos pelos respondentes, provenientes do funcionamento de uma usina nuclear instalada próxima a eles, bastaria perguntar suas opiniões sobre os benefícios que ela traria para a comunidade mais próxima. Porém, as suas preocupações, advindas do funcionamento de uma usina nuclear instalada próxima a eles, refletiriam em informações mais sólidas. Uma preocupação referente a qualquer assunto implica primeiramente na sua percepção, defini-lo quanto a benéfico ou maléfico dependerá de diversos fatores, como o contexto, vivência, conhecimentos, influências e desejos. Por exemplo: "a garantia de energia elétrica" seria uma preocupação, um desejo, ou a percepção de um benefício? Depende do contexto. A questão fica mais clara quando se entende que todo benefício é desejado, e que a percepção de um assunto antecede as preocupações sobre esse mesmo assunto.

Quando se fala em usinas nucleares as preocupações mais evidentes são as classificadas quanto aos mitos, de acordo com a Tabela 16, em seguida, aparecem as preocupações mais coerentes com a realidade. Podemos aproximar essas preocupações com os benefícios percebidos e obter um gráfico que apresente essa relação com os benefícios desejados, conforme a Figura 26.

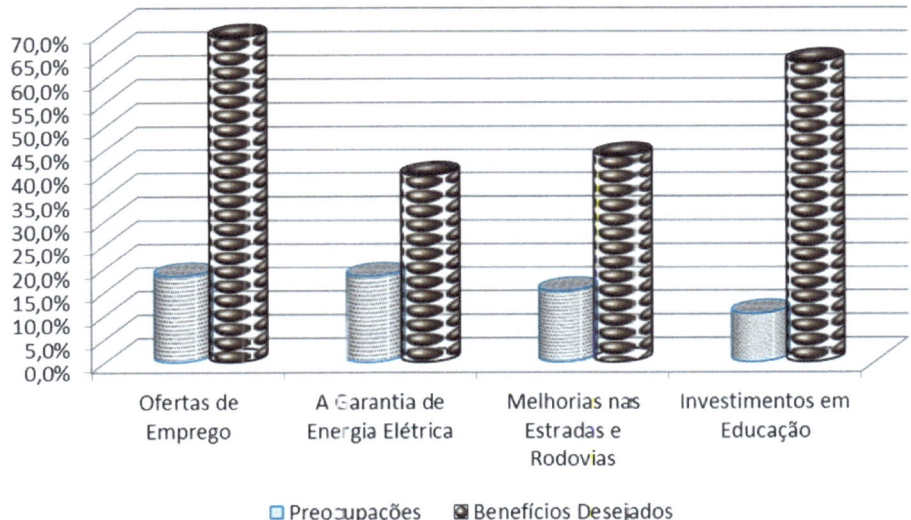

□ Preocupações ▨ Benefícios Desejados

Figura 26: Preocupações advindas do funcionamento de uma usina nuclear e os benefícios desejados trazidos por um empreendimento, instalado próximo à cidade do respondente.

O eixo vertical corresponde à frequência das marcações totais por tópico, ou seja, de todos os respondentes 70% deles desejam ter mais ofertas de emprego com a vinda de um empreendimento para sua cidade. E, de todos que responderam ao questionário, 15% possuem preocupações quanto às ofertas de emprego advindas do funcionamento de uma usina nuclear instalada próxima a sua cidade.

Neste caso, as preocupações e os benefícios desejados parecem um problema de oferta e procura. Os respondentes se preocupam e desejam ter empregos. A usina nuclear oferece em diversos níveis esses empregos. O que falta é a comunicação.

A divulgação de dados, que comprovem os números da oferta de empregos antes e depois da instalação de uma usina nuclear em uma cidade, seria o suficiente para solucionar esse impasse.

5.2.3 Expectativas Em Relação À Energia Nuclear

A Tabela 18 trata das expectativas, classificando-as de péssimas a excelentes em relação a fatores relacionados com a usina nuclear.

A maior frequência de marcações está relacionada à expectativa da qualidade de vida, que 63% acreditam ser "boa". No mais, em relação à: educação, ao aquecimento global, às usinas nucleares e ao desenvolvimento do Brasil, as expectativas são regulares.

Tabela 18: Expectativas em relação aos temas abordados.

	Excelente	Boa	Regular	Ruim	Péssima	Não Sabem
À Melhoria da Educação no País	6,8%	24,7%	**39,6%**	19,9%	8,6%	0,4%
À Sua Qualidade de Vida	11,4%	**62,6%**	23,0%	3,0%	0,0%	0,0%
À Redução do Aquecimento Global	4,9%	11,0%	**36,3%**	31,2%	14,7%	0,9%
À Utilização das Usinas Nucleares para a Geração de Energia Elétrica	7,2%	23,7%	**37,3%**	17,7%	11,6%	2.5%
Ao Desenvolvimento do Brasil	9,1%	29,9%	**42,0%**	12,3%	6,5%	0,2%

De acordo com as propriedades da opinião pública, Capítulo 3, a direção referente às marcações aponta para certa indiferença em relação aos fatos orbitantes às usinas nucleares. Porém, segundo os conceitos de coerência, os resultados são positivos, pois as frequências de marcações estão em sua maioria numa mesma coluna, ou seja, assuntos logicamente relacionados com as usinas nucleares, como: aquecimento global e desenvolvimento do Brasil fazem parte de uma mesma análise para os respondentes. Devido a isso, a latência, que é o potencial para uma manifestação, favorece a utilização de campanhas educativas sobre o tema nuclear.

5.2.4 A Relação Entre Os Meios De Comunicação, As Percepções E O Conhecimento Adquirido Sobre Energia Nuclear

Finalizando as análises em relação aos objetivos específicos deste trabalho, serão discutidos resultados referentes aos meios de informação, como se comportam em relação à disseminação do conhecimento e suas influências sobre a percepção do risco nuclear.

C1) Conhecimentos Adquiridos Por Estudo ou Vivência

A Tabela 16 apresenta certa uniformidade em relação ao nível de conhecimento dos respondentes quanto: ao aumento da população em torno da usina, à especulação imobiliária da região, conservação das estradas e rodovias, qualidade e infraestrutura das escolas, oferta de empregos na cidade e à garantia de energia elétrica.

Em relação à identificação da imagem, que é o símbolo da presença de radiação, também houve uniformidade nas respostas. A grande maioria acertou na identificação da imagem correta I-5, conforme mostrado na Tabela 19.

As imagens podem ser vistas na Figura 15 ou no Anexo B.

Tabela 19: Identificação da imagem que representa a presença de radiação.

	I-1	I-2	I-3	I-4	I-5	I-6	I-8	I-9	I-10	I-11	Nenhuma	Total
Angra dos Reis	1%	3%	5%	5%	69%	9%	3%	0%	2%	2%	0%	100%
Rio de Janeiro	1%	3%	4%	5%	69%	9%	2%	1%	0%	4%	0%	100%
Demais Regiões	0%	2%	2%	1%	80%	7%	0%	0%	4%	3%	2%	100%
Ensino Médio	2%	4%	5%	5%	67%	8%	3%	1%	1%	4%	0%	100%
Ensino Superior	0%	0%	2%	5%	66%	17%	2%	3%	0%	3%	2%	100%
Pós Graduação	0%	2%	2%	3%	78%	10%	0%	0%	2%	3%	1%	100%

Os respondentes com ensino superior e pós-graduação embora em sua maioria tivessem acertado na escolha da imagem, também obtiveram uma maior frequência de marcações a imagem 6 (I-6) em relação aos respondentes do ensino médio.

A Figura 27 apresenta o símbolo correto da presença de radiação (I-5) e a imagem com maior frequência de marcações incorretas (I-6).

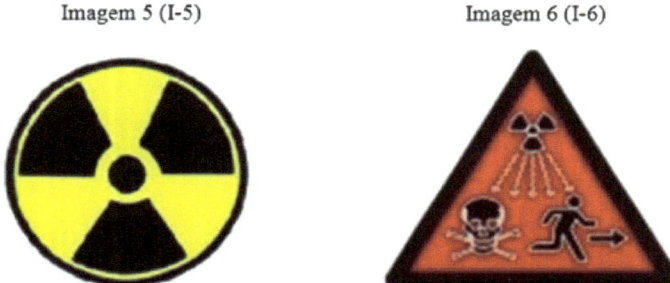

Figura 27: Imagens referentes à presença de radiação mais escolhidas.

C2) Inferências Sobre a Percepção e a Comunicação de Risco

A Tabela 20 mostra que a comunicação de risco na área nuclear não está sendo aplicada como deveria principalmente aos estudantes do ensino médio e superior. Apenas os pós-graduados não mudaram de opinião. O sexo feminino se mostrou mais sensível quanto ao acidente de Fukushima que o masculino; 61% das mulheres mudaram de opinião, sendo 32% com a marcação "certamente que sim".

Os respondentes do município do Rio de Janeiro e de Angra dos Reis tiveram uma significativa mudança de opiniões em comparação às demais regiões por conta do acidente de Fukushima. Em ambos, mais da metade dos respondentes mudaram de opinião.

Tabela 20: O acidente de Fukushima e sua influência na mudança de opinião dos respondentes quanto à utilização da energia nuclear para gerar eletricidade.

	Feminino	Masculino	Ensino Medio	Ensino Superior	Pós Graduação	Angra dos Reis	Rio de Janeiro	Outras Regiões
Certamente que sim.	32%	24%	33%	29%	19%	25%	31%	16%
Talvez sim.	29%	27%	32%	43%	18%	30%	30%	19%
Não sei dizer.	18%	15%	19%	14%	8%	13%	16%	14%
Talvez não.	7%	7%	7%	3%	7%	11%	7%	6%
Certamente que não.	14%	27%	9%	11%	48%	21%	16%	45%
Total	100%	100%	100%	100%	100%	100%	100%	100%

A Tabela 21 classifica os riscos em relação a se viajar de carro e de avião. Pelo histórico de acidentes, quantidades de pessoas a serem transportadas e o números de mortes por ano, viajar de avião é muito mais seguro que viajar de carro. Porém, essa diferença entre os riscos só foi detectada por respondentes pós-graduados. Os respondentes do ensino médio classificam como médio o risco de ambos, os respondentes do ensino superior acham que os riscos de se viajar de carro são menores que os de se viajar de avião.

Tabela 21: Classificação dos riscos em relação a viajar de avião e viajar de carro.

Viajar de avião	Muito Alto	Alto	Médio	Baixo	Muito Baixo
Feminino	19%	17%	**31%**	17%	16%
Masculino	13%	15%	**26%**	23%	23%
Angra dos Reis	12%	16%	**37%**	13%	21%
Rio de Janeiro	18%	17%	**29%**	19%	18%
Outras Regiões	7%	8%	22%	**35%**	28%
Ensino Médio	21%	18%	**31%**	16%	14%
Ensino Superior	14%	19%	**46%**	10%	12%
Pós Graduação	7%	12%	20%	**32%**	29%
Viajar de Carro	**Muito Alto**	**Alto**	**Médio**	**Baixo**	**Muito Baixo**
Feminino	12%	17%	**39%**	24%	8%
Masculino	14%	24%	**31%**	22%	9%
Angra dos Reis	15%	20%	**28%**	24%	14%
Rio de Janeiro	11%	18%	**36%**	26%	9%
Outras Regiões	19%	34%	**37%**	9%	1%
Ensino Médio	11%	15%	**34%**	27%	12%
Ensino Superior	8%	20%	32%	**37%**	2%
Pós Graduação	17%	33%	**38%**	9%	3%

A Tabela 22 trata da percepção dos riscos em relação a atividades relacionadas à produção de energia.

O risco atribuído para os respondentes, em sua maioria, em relação à exploração de petróleo e ao funcionamento de uma usina hidrelétrica, é o risco "médio". Para o funcionamento de uma usina nuclear a percepção fica um pouco mais dividida. As mulheres percebem o risco como sendo "muito alto" e "alto", com 30% das marcações em cada. Os homens percebem o risco como sendo "alto" com 26% das marcações e "médio" com 25%. O Rio de Janeiro e Angra dos Reis percebem o risco como sendo "médio", já as outras regiões o percebem como sendo "baixo". Em relação ao ensino médio e à graduação o risco é classificado como "alto". Para a pós-graduação o risco em relação ao funcionamento de uma usina nuclear é considerado "baixo".

Tabela 22: Classificação dos riscos em relação à exploração de petróleo, ao funcionamento de uma usina nuclear e à de uma hidrelétrica.

Funcionamento de uma Usina Nuclear	Muito Alto	Alto	Médio	Baixo	Muito Baixo
Feminino	**30%**	**30%**	27%	8%	5%
Masculino	20%	**26%**	25%	18%	11%
Angra dos Reis	27%	23%	**28%**	10%	12%
Rio de Janeiro	26%	**30%**	27%	11%	6%
Outras Regiões	18%	22%	17%	**23%**	20%
Ensino Médio	29%	**30%**	28%	9%	4%
Ensino Superior	21%	**40%**	30%	7%	2%
Pós Graduação	21%	21%	18%	**23%**	17%
Funcionamento de	Muito Alto	Alto	Médio	Baixo	Muito Baixo

uma Usina Hidrelétrica					
Feminino	9%	24%	**42%**	18%	7%
Masculino	7%	18%	**37%**	24%	15%
Angra dos Reis	6%	25%	**42%**	18%	9%
Rio de Janeiro	8%	22%	**40%**	20%	10%
Outras Regiões	7%	9%	**35%**	32%	17%
Ensino Médio	10%	25%	**39%**	16%	10%
Ensino Superior	5%	20%	**42%**	27%	5%
Pós Graduação	4%	13%	**41%**	27%	15%
Exploração de Petróleo	Muito Alto	Alto	Médio	Baixo	Muito Baixo
Feminino	15%	31%	**38%**	13%	4%
Masculino	10%	32%	**35%**	16%	8%
Angra dos Reis	14%	**34%**	31%	17%	4%
Rio de Janeiro	12%	31%	**37%**	14%	7%
Outras Regiões	10%	33%	**40%**	15%	2%
Ensino Médio	14%	31%	**35%**	14%	6%
Ensino Superior	11%	35%	**40%**	12%	2%
Pós Graduação	9%	35%	**39%**	13%	4%

C3) Os Meios De Comunicação Geradores De Conhecimento

A Figura 28 mostra a televisão como o meio de comunicação mais utilizado na obtenção de informações sobre usinas nucleares, com mais de 61% das marcações. A internet e o meio acadêmico aparecem com 54% e 45% respectivamente.

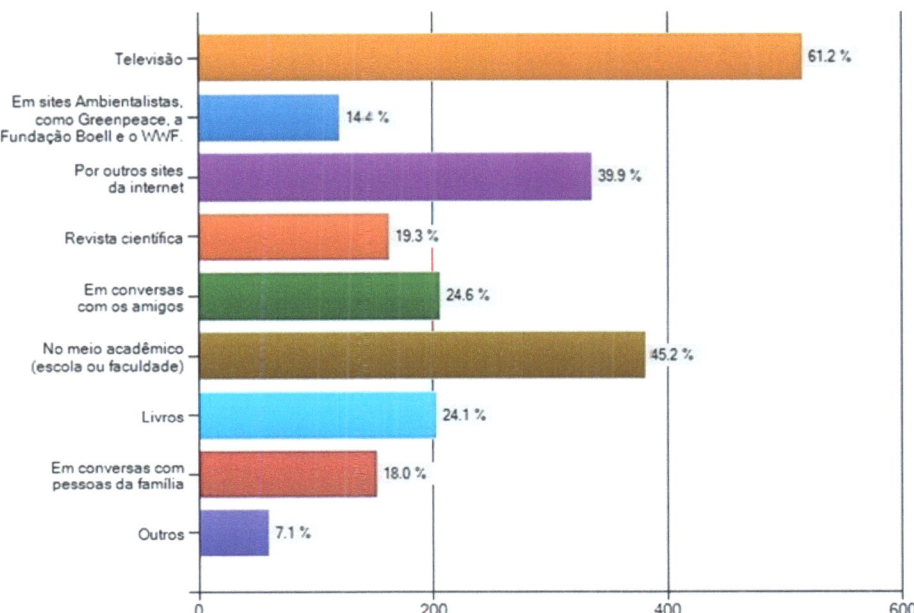

Figura 28: Meios de informação utilizados como fonte de conhecimento referente às usinas nucleares.

Dos respondentes, 68 manifestaram suas opiniões no campo aberto para respostas. Outros meios de informação sobre usinas nucleares ficaram evidenciados nessa questão, embora a televisão seja o principal veículo de informação, através de documentários, jornais, filmes e de outros programas também. No meio acadêmico, os cursos universitários apresentam, em algumas de suas disciplinas, tópicos que falam sobre as usinas nucleares e sobre as tecnologias nucleares. Um exemplo, citado por 11 respondentes, é o curso de Ciências Contábeis em uma disciplina de contabilidade ambiental. Ainda no meio acadêmico e em teatros, alguns respondentes ressaltaram as palestras de especialistas sobre o tema. No caso do teatro, houve citações da peça chamada Copenhagen. E das palestras, citações à Casa da Ciência da UFRJ.

Visitas às usinas Angra 1 e Angra 2 representam o berço do conhecimento sobre termonucleares para 7 respondentes, onde o material divulgado na própria usina ajuda a consolidar o conhecimento adquirido.

Outro meio de informação é o próprio emprego de alguns dos respondentes, 10 respondentes trabalham na área nuclear, na INB, no IME e nas usinas de Angra dos Reis. Os respondentes também obtiveram informações de pessoas que trabalham na área nuclear, por conta de parentes e amigos.

C4) Os Meios de Comunicação e os Grupos Mais Críveis

A Tabela 23 apresenta os grupos com boa aceitação pelos respondentes para falar sobre o tema nuclear. Os três mais críveis são: CNEN, professores universitários da área e ambientalistas, com 58%, 55% e 47%, respectivamente. Os menos críveis são: membros do governo, artistas da TV e o Presidente da República, com 5%, 5,3% e 6,3% respectivamente.

Tabela 23: Grupos que possuem boa credibilidade para falar sobre usinas nucleares, energia nuclear e suas tecnologias

	Ensino Médio	Ensino Superior	Pós Graduação
Ambientalistas	16%	13%	10%
Jornalistas	8%	5%	3%
Artistas da TV	2%	2%	1%
Pessoas do Governo	2%	3%	1%
Representantes da Usina	12%	14%	10%
Trabalhadores da Usina	13%	14%	12%
Professores Universitários da Área	13%	11%	21%
Membros do Governo	1%	4%	1%
CNEN – Comissão Nacional de energia Nuclear	16%	17%	18%
MCT – Ministério de Ciências e Tecnologias	10%	11%	12%
O Presidente da República	2%	3%	2%
Estrangeiros que fazem uso dessas tecnologias	5%	6%	8%
Total	100%	100%	100%

Contribuíram com suas opiniões, 18 respondentes. Entre eles, possuem boa credibilidade: os físicos, os engenheiros, profissionais da área nuclear, Empresa de Pesquisa Energética e o Ministério de Minas e Energia.

Alguns dos respondentes não depositam confiança em nenhum órgão ou profissional quando se trata da divulgação sobre Energia Nuclear.

A Tabela 24 define quais são os melhores meios para a divulgação das informações sobre energia nuclear. Com 72%, a internet foi eleita o melhor meio de comunicação pelos respondentes, em seguida vêm as campanhas de conscientização pela TV, com 46%. E, em terceiro lugar, com aproximadamente 40%, os respondentes acham que em todos os meios de comunicação deveriam ser feitas divulgações, desde que assessorados pelos órgãos competentes do setor nuclear.

Tabela 24: Os melhores meios para divulgação de informações a respeito da energia nuclear.

	Ensino Médio	Ensino Superior	Pós-Graduação
Revistas	8%	8%	**9%**
Internet	**21%**	**21%**	15%
Por um rosto conhecido da TV em horário nobre (propagandas)	**10%**	7%	5%
Por um profissional especializado da Área	9%	11%	**12%**
Em aulas na Universidade	8%	9%	**13%**
No teatro	2%	**3%**	**3%**
No cinema	5%	**6%**	4%
Em campanhas de conscientização pela TV	12%	12%	**14%**
Em jogos educativos	**5%**	**5%**	**5%**
Em movimentos estudantis	**7%**	6%	4%
Informativos humorados em camisetas e em estabelecimentos comerciais	**4%**	3%	3%
Em todos os meios de comunicação desde que assessorados pelos órgãos competentes	9%	9%	**14%**

do setor nuclear.			
Total	100%	100%	100%

Contribuíram com suas opiniões 23 respondentes. A maioria das opiniões expressa o desejo de melhores informações, mais qualidade e preparo para divulgação. Quanto mais numerosos e diversificados forem os meios de divulgação, mais pessoas serão atingidas pela informação e pensarão sobre o assunto.

C5) Estimativas Sobre a Aceitação da Opção Nuclear como Fonte de Energia Elétrica

A percepção dos respondentes apresenta-se de forma equilibrada para o que tange a esfera nuclear de acordo com o nível educacional. De acordo com a Figura 29, 40% dos respondentes do ensino médio, assim como 48% do ensino superior, são a favor da construção de novas usinas nucleares, contra 43% e 48%, respectivamente, em relação aos que são contra. Dos respondentes da pós-graduação, metade são a favor das usinas nucleares, 40% são contra e 10% se mostraram indiferentes.

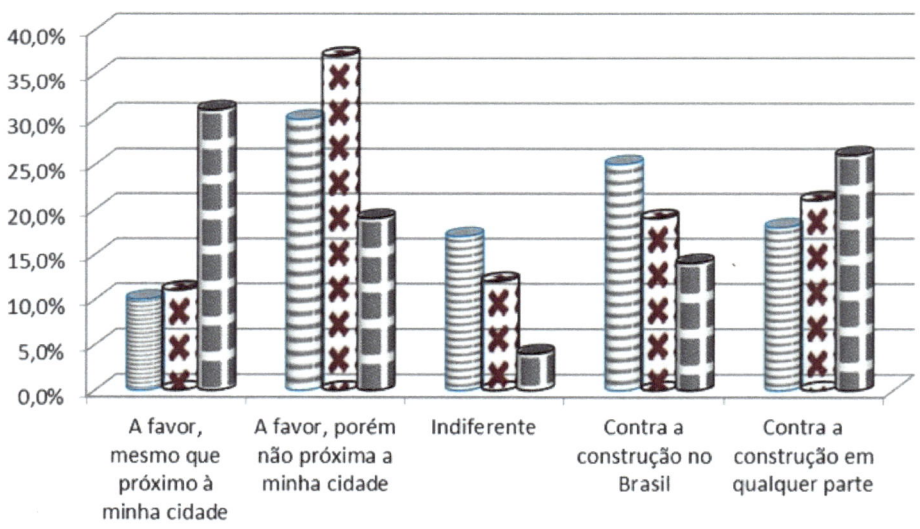

Figura 29: Posição dos entrevistados sobre a possibilidade de construção de novas usinas nucleares de acordo com o nível educacional.

O déficit de aceitação quando analisado por região, Figura 30, mostra-se favorável à construção de novas usinas nucleares. Dos respondentes que moram em Angra dos Reis, mais da metade são a favor de novas usinas nucleares, apenas 32% são contra e 13% são indiferentes. O Rio de Janeiro fica um pouco atrás, porém não muito, pois são iguais os números referentes à aceitação e à rejeição, correspondendo a 43% os que são a favor e 43% os que são contra a construção de novas usinas nucleares. As demais regiões mostram-se a favor de novas usinas, com 50% de aceitação e 35% de rejeição.

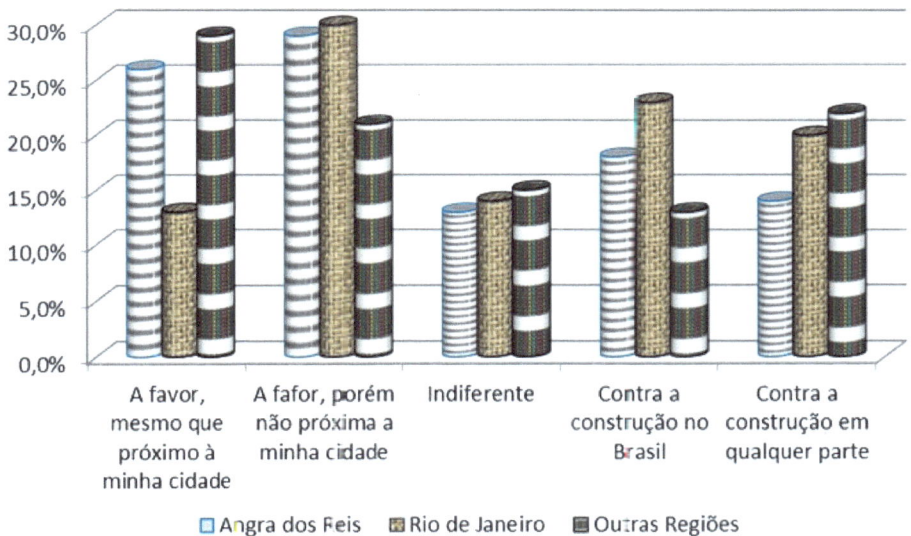

Figura 30: Posição dos entrevistados sobre a possibilidade de construção de novas usinas nucleares de acordo com o local em que reside.

A análise, sobre o déficit da aceitação das usinas nucleares, fica mais clara quando comparada com outros tipos de usinas geradoras de eletricidade, conforme apresentado no Figura 31.

A aceitação para a construção de novas usinas, de outro tipo que não seja a nuclear, salta para 75%, enquanto a aceitação de novas usinas nucleares corresponde a 49% da opinião dos respondentes. A rejeição entre elas também se torna evidente, 15%

são contra a construção de novas usinas de outro tipo, não-nuclear, enquanto 44% são contra a construção de novas usinas nucleares. Entre aqueles que são contra a construção de novas usinas em todo o planeta, representam 6% para as não-nucleares e 21% para as nucleares.

O número de respondentes que são indiferentes em relação à construção de novas usinas não-nucleares corresponde a aproximadamente 10%, enquanto, para as usinas nucleares, apenas 7% aproximadamente. Embora a diferença pareça pequena, isso mostra que muitas pessoas possuem uma opinião já formada sobre as usinas nucleares.

O objetivo da área nuclear deve ser no sentido de diminuir o déficit da aceitação em relação aos demais tipos de usinas, e principalmente buscar formas de atingir o público que se apresentou como indiferente, que ainda não possui uma opinião formada sobre as usinas nucleares.

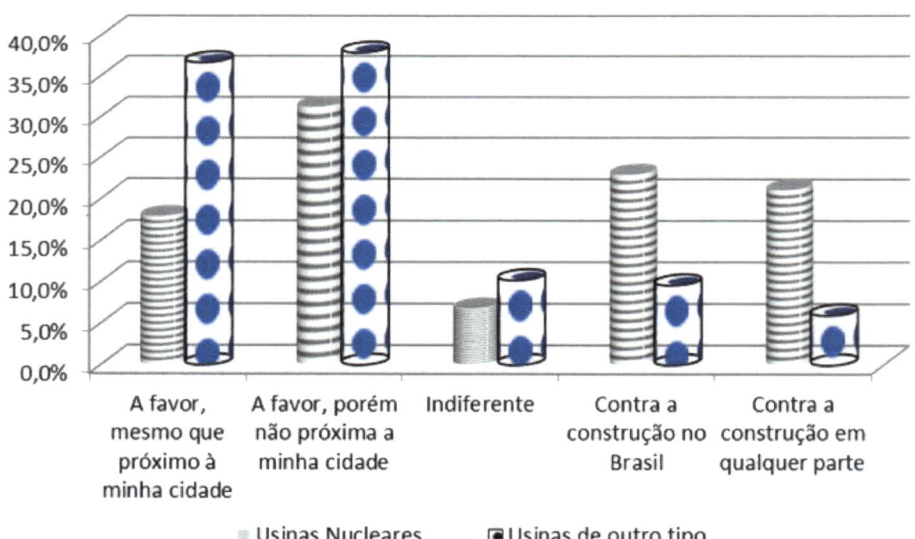

Figura 31: Posição dos entrevistados sobre a possibilidade de construção de novas usinas nucleares e de novas usinas de outro tipo, como hidrelétrica, eólica, etc.

6. CONCLUSÕES E RECOMENDAÇÕES

6.1 Conclusões

Compete aos meios de comunicação[6] um alto nível de responsabilidade pelas informações divulgadas, devido à grande parte do conhecimento adquirido pelos pesquisados provir de tais meios. Ou seja, a televisão, a internet e o meio acadêmico são os principais formadores de opinião registrados nesse trabalho, e apontados como os responsáveis pela maioria dos conceitos percebidos de maneira inadequada.

Estão atrelados ao conhecimento adquirido: os conceitos sobre o risco, a identificação correta da imagem que representa a presença de radiação, as expectativas e os mitos criados em torno da utilização da energia nuclear. Estes últimos influenciaram diretamente, de forma negativa, na percepção dos benefícios provenientes da utilização da usina nuclear para geração de eletricidade. Ligando todos esses fatores, chega-se às estimativas sobre a aceitação da opção nuclear. A Figura 32 ajuda a ilustrar as conclusões acima.

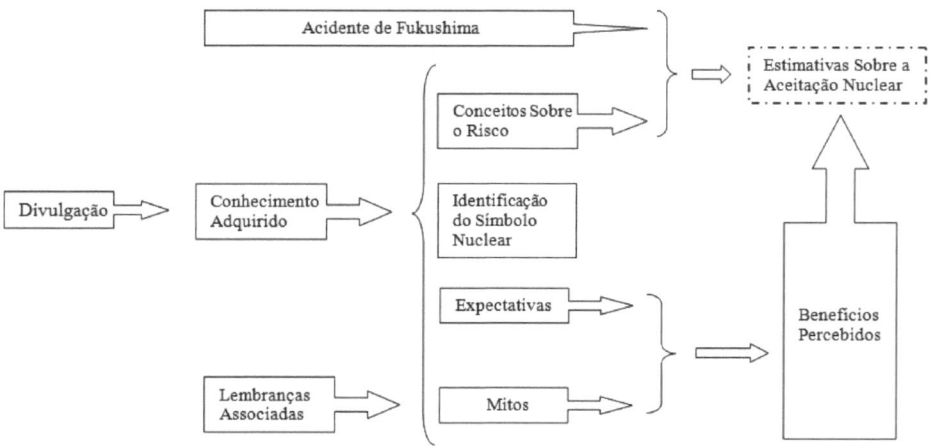

Figura 32: Modelo para as estimativas sobre a aceitação nuclear.

O presente trabalho não tinha como objetivo fazer pesquisa de mídia, no qual deveria ser pesquisado todo o material de jornais, telejornais, revistas, internet e acompanhamentos aos grupos dos especialistas e não especialistas que divulgam informações sobre a energia nuclear. Isso demandaria gastos excessivos com relação ao tempo da pesquisa e aos recursos financeiros empregados, o que estaria além das pretensões desta dissertação. Porém, devido ao acidente de Fukushima, vivenciamos várias informações pelos diversos meios de comunicação. Com isso, constatamos erros graves sendo divulgados a esmo, principalmente pela televisão, que correspondem a quase 75% do fluxo total de informações que orientam os respondentes dessa pesquisa. Os principais erros divulgados encontram-se na seção 1.3 do capítulo 1.

Os porta-vozes são os principais elementos para dar credibilidade à informação. A qualidade dela está relacionada à fiscalização dos órgãos competentes. E a divulgação das informações será mais bem recebida caso os meios sejam os mais críveis.

O impacto causado na aceitação da opção nuclear pelas lembranças associadas e pelo acidente de Fukushima seria bem menos percebido caso houvesse uma comunicação de valor com o público. E a percepção dos benefícios que provêm das usinas nucleares só será mais bem percebida, quando forem reduzidas as preocupações atreladas aos mitos.

O painel a seguir, Figura 33, retrata toda a informação discutida neste trabalho de forma simplificada.

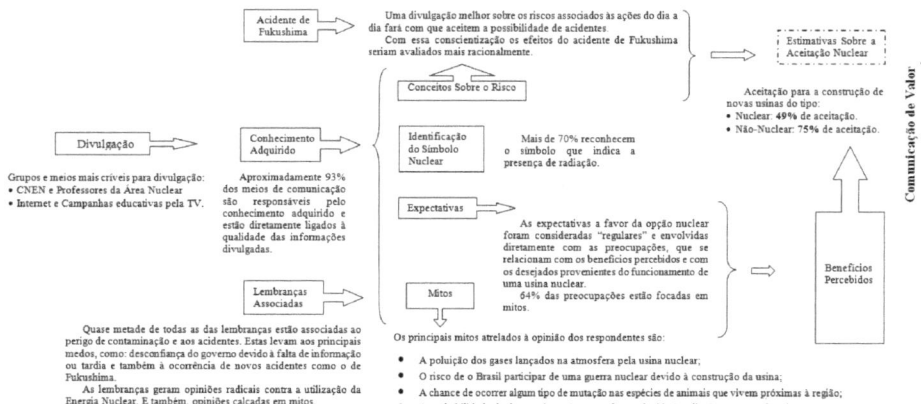

Figura 33: Painel referente às estimativas sobre a aceitação nuclear.

6.2 Recomendações

Devido ao pequeno número de pesquisas feitas no Brasil referentes ao setor de energia, principalmente ao setor nuclear, salvo em momentos de crises internacionais, conclui-se que falta um plano para a comunicação. É conhecido o fato que a matriz energética brasileira depende em quase 80% das hidrelétricas e com a necessidade da expansão da matriz, talvez se atinjam limites insuportáveis de consumo de energia para as hidrelétricas. A energia nuclear é indispensável por diversos fatores, por ser limpa e segura, por exemplo. Mas, no que tange ao setor de comunicação, a situação é preocupante. Vender a ideia nuclear não é simples e para isso é necessário aumentar a percepção dos benefícios e diminuir a percepção dos riscos.

Aos interessados, a comparação ajudaria o público no que tange às preocupações advindas do funcionamento de uma usina nuclear (Ver seção: 3.1.1. Acidentes relacionados à produção de energia). Ajudariam também, simulações de um acidente considerado grave em Angra dos Reis e suas consequências para a população, comparando-o com outros acidentes ocorridos na área nuclear e fora dela, por exemplo: em outros setores de produção de energia, como: indústria de óleo e gás, usinas hidrelétricas, eólicas, solares, etc. Devido a isso, se espera uma melhor percepção do público em relação ao risco nuclear.

Para o Centro de Gestão e Estudos Estratégicos (CGEE) do Ministério da Ciência e Tecnologia (MCT), a Comissão Nacional de Energia Nuclear (CNEN) e para associações como a ABDAN, proponho a análise dos cenários de divulgação e esclarecimento das atividades de energia nuclear no país e a criação de um plano consistente de investimentos governamentais para o setor. Assim como debater propostas para o seu desenvolvimento e oferecer aos clientes empresariais oportunidades de negócios e investimentos, principalmente no setor de comunicação. Dentro da legalidade para a geração nucleoelétrica, possibilitar a participação da iniciativa privada e buscar articulação com os setores da indústria nacional para que se possa contribuir com o delineamento de políticas públicas e privadas de incentivo a esse setor, buscando uma divulgação contínua.

Para as próximas pesquisas on-line, sugere-se definir antes da pesquisa os grupos a serem pesquisados e garantir de alguma forma que os responsáveis pelos setores escolhidos cumpram com o combinado de repassar o questionário no momento desejado. Aprender tudo sobre o software escolhido antes da divulgação, por exemplo: seus recursos, ferramentas e sobre a aparência do questionário. Antes de elaborar as questões pensar na análise estatística e o que se deseja extrair dela. O pesquisador deve saber que as taxas de resposta da pesquisa serão baixas e que ao disseminar o questionário para um grupo, somente no início, ou seja, de um a dois dias, a taxa de respostas será razoável. Este é um dos motivos para a escolha dos grupos antes de se iniciar a pesquisa. É importante lembrar que problemas podem ocorrer pelo caminho, então, é de vital importância que as cópias do banco de dados do questionário estejam sempre atualizadas. Caso ocorra algum impedimento durante a aplicação do instrumento de pesquisa para um determinado grupo, como por exemplo, o fato que ocorreu durante esta pesquisa, que ficou aberta desde março até outubro de 2012: a greve das universidades federais que aconteceu entre maio e setembro de 2012, inviabilizando pesquisas dentro das universidades federais. Torna-se de extrema importância que o foco desejado para a aplicação do instrumento de pesquisa seja modificado, que se faça a escolha de novos grupos e que se tente adaptar o trabalho ao quadro atual.

Todo questionário deve ser testado anteriormente para verificar prováveis erros e redundâncias para somente depois ser validado. Durante o 4º trimestre de 2011, utilizei um questionário teste que foi respondido por aproximadamente 240 alunos, diretores, funcionários e professores de algumas escolas particulares do ensino médio em que eu trabalhava. Ao analisar os dados, que foram respondidos em folha, foram percebidos erros e tendências, que possibilitaram o desenvolvimento de um questionário melhor. O trabalho em fazer os cruzamentos e em levantar os dados de uma forma geral demandou muito tempo e esforço, isso contribuiu para que eu buscasse outros meios de divulgação, análise das informações e dos dados da pesquisa, no caso o SurveyMonkey.

REFERÊNCIAS BIBLIOGRÁFICAS

ANDRADE, Ana Maria Ribeiro, 2006. *A Opção Nuclear – 50 anos rumo à autonomia*. Rio de Janeiro: MAST.

ANDRADE, Maria Margarida de, 2002. *Como preparar trabalhos para cursos de pós-graduação: noções práticas*. 5. ed. São Paulo: Atlas.

ADORNO, Theodor W. 1992. *Dialéctica negativa*. L.5.ed. Pg 52. Madrid: Taurus.

ADORNO, Theodor W.; HORKHEIMER, Max. 1997. *Dialética do esclarecimento: fragmentos filosóficos*. Nota preliminar de Guido Antônio de Almeida. 7.ed. Rio de Janeiro: Jorge Zahar.

BARROSO, Antonio Carlos de Oliveira; DIEGUEZ, José Antonio Diaz; IMAKUMA, Kengo, 2003. "Energia Elétrica: Perspectivas Globais as Aspirações do Brasil e o Papel da Geração Nuclear". *Revista Brasileira de Pesquisa e Desenvolvimento*, São Paulo, v. 5, n.1, pp. 1-12.

BEUREN, I. M.; RAUPP, F. M., 2008. "Metodologia da Pesquisa Aplicável às Ciências Sociais". In: *Como Elaborar Trabalhos Monográficos em Contabilidade: teoria e prática*. São Paulo: Atlas, pp. 76-97. Disponível em:
<**http://www.geocities.ws/cienciascontabeisfecea/estagio/Cap_3_Como_Elaborar.pdf**> Acesso em: 20 out. 2012.

BOBBIO, Norberto; MATTEUCCI, Nicolo; PASQUINO, Gianfranco, 1986. *Dicionário de Política*, 2ª ed. Brasília: Editora Universidade de Brasília.

BRUYNE, Paul de; Herman, Jacques; SCHOUTHEETE, Marc de, 1977. *Dinâmica da pesquisa em ciências sociais: os polos da prática metodológica.* Rio de Janeiro: F. Alves.

BUENO, Wilson da Costa, 2003. *Comunicação empresarial: teoria e pesquisa.* SP: Manole.

CENSUS Bureau, U.S., 2010. Disponível em: <Table 1. Apportionment Population and Number of Representatives, by State: 2010 Census> Acesso em: 23 jan. 2012.

CERVO, Amado Luiz; BERVIAN, Pedro Alcino, 1983. *Metodologia científica: para uso dos estudantes universitários.* São Paulo: McGraw-Hill do Brasil.

CHILDS, Harwood L, 1967a. "O problema fundamental das Relações Públicas." In: _____. *Relações públicas, propaganda e opinião pública.* 2. ed. Rio de Janeiro: FGV, pp. 16-26. Disponível em:
<**http://www.portal-rp.com.br/bibliotecavirtual/opiniaopublica/0108.htm**> Acesso em: 10 out. 2012.

CHILDS, Harwood L, 1967b. "Que é opinião pública". In: _____. *Relações públicas, propaganda e opinião pública.* 2. ed. Rio de Janeiro: FGV. pp. 44-61. Disponível em:
<**http://www.portal-rp.com.br/bibliotecavirtual/opiniaopublica/0110.htm**> Acesso em: 10 out. 2012.

CNEN. *Apostila Educativa Energia Nuclear.* COMISSÃO NACIONAL DE ENERGIA NUCLEAR. Disponível em:
<**http://www.cnen.gov.br/ensino/apostilas/energia.pdf**>. Acesso em: 16 nov. 2012.

CNEN, 2013 - *Ensino - Aplicações Sociais.* Disponível em: <**http://www.cnen.gov.br/ensino/aplic-soc.asp**> Acesso em: 21 mar. 2013.

CNPq, CAPES e FINEP - *NOVA TABELA DAS ÁREAS DO CON-*

HECIMENTO - Comissão Especial de Estudos - Setembro de 2005. Disponível em: <**http://download.finep.gov.br/imprensa/novatabela.pdf**> Acesso em: 05 de mar. 2013.

COBANOGLU, Cihan; Bill Warde, and Patrik J. Moreo, 2001. "A comparison of Mail, Fax, and Web Survey Methods". *International Journal of Market Research* v. 43, pp. 441-52.

COUPER, Mick P, 2000. "Web Surveys. A Review of Issues and Approaches". *Public Opinion Quarterly* v. 64, pp. 469-94.

COUPER, Mick P; Michael W. Traugott, and Mark J. Lamias, 2001. "Web Survey Design and Administration". *Public Opinion Quarterly* v. 65, pp. 230-53.

DEMO, Pedro, 1985. *Introdução à metodologia científica*. São Paulo: Atlas.

DEMOSKOPIA, 2013 - *Lista de Organizações, Institutos e Empresas de Pesquisa de Mercado, Opinião Pública e Mídia*. Disponível em: <**http://www.demoskopia.com.br/softwares.htm**> Acesso em: 25 set. 2012.

DILLMAN, Don A, 2000. *Mail and Internet Surveys: The Tailored Design Method*. New York: Wiley.

E-BIOGRAFIAS (2013) - *Biografia de Albert Einstein* – Disponível em: <**http://www.e-biografias.net/albert_einstein/**> Acesso: 05 de mar. 2013.

EEROLA, Toni Tapani. MUDANÇAS CLIMÁTICAS GLOBAIS: PASSADO, PRESENTE E FUTURO. (Apresentação no Fórum de Ecologia e no evento Mudanças Climáticas: Passado, Presente e Futuro, organizados pelo Instituto de Ecologia Política na Universidade do Estado de Santa Catarina (UDESC), Florianópolis, em 2003).

EIA/DOE. *International Energy Outlook 2011*. ENERGY INFORMATION ADMINISTRATION / U. S. DEPARTMENT OF ENERGY. Disponível em: <**http://www.eia.gov/forecasts/ieo/pdf/0484(2011).pdf**>. Acesso em: 10 out. 2012.

ELETROBRÁS, 2011. *Panorama da Energia Nuclear no Mundo*. Edição Novembro, pp.123. (Eletronuclear). GPL.G – Gerência de Planejamento Estratégico Disponível em:
<**http://www.eletronuclear.gov.br/LinkClick.aspx?fileticket=GxTb5TAen5E%3D&tabid=297**> Acesso em: 10 out. 2012.

EPE/MME, 2005. *Balanço Energético Nacional*. Ano base 2004. MINISTÉRIO DAS MINAS E ENERGIA/EMPRESA DE PESQUISA ENERGÉTICA. Brasília/DF.

EPE, 2006. *O consumo final de energia - evolução a longo prazo*. EMPRESA DE PESQUISA ENERGÉTICA. Rio de Janeiro.

EPE, 2007. *Plano Nacional de Energia 2030*. EMPRESA DE PESQUISA ENERGÉTICA, Rio de Janeiro. Disponível em:
<**http://www.epe.gov.br/PNE/20080111_1.pdf**> Acesso em: 10 nov. 2012.

EPE, 2011. *Projeção da demanda de energia elétrica para os próximos 10 anos (2011-2020)*. Série estudos de energia. EMPRESA DE PESQUISA ENERGÉTICA, Rio de Janeiro, fev.
Disponível em:
<**http://www.epe.gov.br/mercado/Documents/S%C3%A9rie%20Estudos%20de%20Energia/20110222_1.pdf**> Acesso em: 15 out. 2012.

EUROPEAN Commission, 2012 - Disponível em: <**http://ec.europa.eu**> Acesso em: 12 dez. 2012.

FARBER, José Henrique, 1991. "Técnicas de análise de riscos e os acidentes maiores". *Gerência de Riscos*, São Paulo, L. pp. 30-37, 1. trim.

FIGUEIREDO, R; CERVELLINI, S, 1995. "Contribuições para o conceito de opinião pública." *Opinião Pública*, v. 3, nº 3, PP. 112-120. Disponível em: <**http://disciplinas.stoa.usp.br/pluginfile.php/50629/mod_resource/content/1/**

figueredo_cevellini.pdf> Acesso em: 10 out. 2012.

FIGUEIREDO, R; CERVELLINI, S., 1996. *O que é opinião pública*. São Paulo: Brasiliense.

FILIPE, J., 1986 "Análise de riscos na Engenharia de Segurança". *Saúde Ocupacional e Segurança*, São Paulo, v. XXI, L. pp. 64-73.

FORTES, Waldyr Gutierres, 2003. *Relações públicas: processo, funções, tecnologia e estratégias*. SP: Summus.

FREITAS, Sidineia Gomes, 1984. "Formação e Desenvolvimento da Opinião Pública". *Comunicarte - PUC*, Campinas, v. 2, n. 4, pp. 177-184. **Disponível em:** <**http://www.portalrp.com.br/bibliotecavirtual/opiniaopublica/0017.htm#_ftnref7**> Acesso **em:** 10 out. 2012.

GALLUP, 2011. Impact of Japan Earthquake on Views about Nuclear Energy: Findings from a Gallup Snap Poll in 47 Countries by WIN-Gallup International. Disponível em: <**http://www.nrc.co.jp/report/pdf/110420_2.pdf.**> Acesso em: 15 set. 2012.

GIL, Antônio Carlos, 1999. *Métodos e técnicas de pesquisa social*. 5.ed. São Paulo: Atlas.

GOLDENBERG, Mirian, 1997. *A arte de pesquisar: como fazer pesquisa qualitativa em ciências sociais*. Rio de Janeiro: Record.

GUILAM, Maria Cristina Rodrigues, 1996. *Estudo sobre Tecnobiociencias e Risco na Sociedade Contemporânea*. Ed.: Fiocruz.

GUIMARÃES, L. dos Santos; MATTOS, J. R. L., 2010. *Energia Nuclear e Sustentabilidade*. Editora Edgard Blucher Ltda, pp.89.

GUIMARÃES, L. dos Santos, 2011. (3rd International Workshop on Advances in Cleaner Production – Energia e mudança Climática – Fatos e Tendências Horizonte 2050 Papel da Geração Elétrica Nuclear).

HORKHEIMER, Max. 1976. *Eclipse da razão*. São Paulo: Labor do

Brasil.

IAEA, 1999. *Communications on nuclear, radiation, transport and waste safety: a practical handbook*. INTERNATIONAL ATOMIC ENERGY AGENCY, Vienna, pp.41-50, Abril.

IAEA, 2009. *Measures to Strengthen International Cooperation in Nuclear, Radiation and Transport Safety and Waste Management*. INTERNACIONAL ATOMIC ENERGY AGENCY, Vienna.

IAEA, 2012. WS, Warszaw, Marie Dufková. *Monitoring and assessing* the effectiveness of communication, INTERNACIONAL ATOMIC ENERGY AGENCY, Vienna.

INTERMEIOS Projeto, 2013. Disponível em: <http://www.projetointermeios.com.br/inicial> Acesso em: 25 set. 2012.

IPSOS (Ipsos Social Research Institute), 2011. *Strong global opposition towards nuclear power*. Disponível em:
<http://www.ipsosmori.com/researchpublications/researcharchive/2817/Strongglobalopposition-towards-nuclear-power.aspx > Acesso em: 15 set. 2012.

IPSOS (Ipsos Social Research Institute), 2012. After Fukushima; Global Opinion on Energy Policy. Disponível em:
<http://www.ipsos.com/publicaffairs/sites/www.ipsos.com.publicaffairs/files/Energy%20Article.pdf> Acesso em: 17 dez. 2012.

KIIPPER, F. de M, 2011. *Estudo da Percepção pública da Energia Nuclear Baseado em Surveys e Estatística Multivariada.* Dissertação (Mestrado) - Instituto de Pesquisas Energéticas e Nucleares, São Paulo.

LEMINSKI, Paulo, 1994. *Metamorfose, uma viagem pelo imaginário grego*. (Obra póstuma). Editora Iluminuras, São Paulo, Pg. 70.

LIMA e SILVA, P.P et al. 1999. *Dicionário brasileiro de ciências ambientais.* Rio de Janeiro. Thex Editora.

MARCONI, Marina de Andrade; LAKATOS, Eva Maria, 1999. *Técnicas de pesquisa*. 4. ed. São Paulo: Atlas.

MARKET Analysis, 2012 – Notícias e Pesquisas. Disponível em: <**http://www.marketanalysis.com.br/site/ pt_noticias_2011_111220.html**> Acesso em: 15 dez. 2012.

MARQUES, João Brandão Neto, 2004. "Como se Faz Pesquisa de Opinião Pública". *Revista eletrônica PRPE*, fev.

MARTIN, L. John, 1984. "The Genealogy of Public Opinion Polling", *Annals of the American Academy of Political and Social Science*, Vol. 472, Polling and the Democratic Consensus. pp. 12-23, Mar.

MEDRI, Waldir, 2011. *Análise Exploratória de Dados.* CENTRO DE CIÊNCIAS EXATAS – CCE - DEPARTAMENTO DE ESTATÍSTICA - Curso de Especialização "*Lato Sensu*" em Estatística – Universidade Estadual de Londrina – Março.

MERGEL, I; SCHWEIK, C; FOUNTAIN, J. The Transformational Effect of Web 2.0 Technologies on Government.
Disponível em: <**http://papers.ssrn.com/sol3/papers.cfm? abstract_id=1412796**>, Acesso em 22 fev. 2012.

NEIL E. Todreas; MUJID S. Kazimi - NUCLEAR SYSTEMS I - Thermal Hydraulic Fundamentals - Massachusetts Institute of Technology, 2011.

ODILON Sérgio Nadalin, 1994 – *A Demografia numa Perspectiva Histórica.* ABEP (Associação Brasileira de Empresas de Pesquisa). Disponível em: <**http://www.abep.nepo.unicamp.br/docs/ outraspub/textosdidaticos/tdv02.pdf**> Acesso em: 25 set. 2012.

PAULIUKONIS, Maria Aparecida Lino, 2006. "Estratégias argumentativas no discurso publicitário." In:_____ e SANTOS, Leonor Werneck dos (Orgs). *Estratégias de leitura: texto e ensino*. Rio de Janeiro: Lucerna.

PONCE, Ioná, 2002. *Lugar de paradoxos – pelos caminhos discursivos do setor nuclear*. Recife: Universidade Federal de Pernambuco.

REAL Clear Politics, 2012. Disponível em: <**http://www.realclearpolitics.com/epolls/other/president_obama_job_approval-1044.html**> Acesso em: 23 jan. 2012.

RIBEIRO JÚNIOR, J. A, 2007. *Um Estudo Simplificado da Percepção Pública dos Benefícios e Riscos de Centrais Termonucleares*. M.Sc. Dissertação (Mestrado) – Instituto de Pesquisas Energéticas e Nucleares, São Paulo.

RICHARDSON, Robert Jarry, 1999. *Pesquisa social: métodos e técnicas*. 3. ed. 9. reimpr. São Paulo: Atlas, pp. 334

ROCCA, Fátima Fernandes Della, 2002. *A percepção de risco como subsídio para os processos de gerenciamento ambiental.* São Paulo: IPEN.

ROCHA, Everardo, 2001. *O Que É Mito*. 9ª reimpressão da primeira edição de 1985. São Paulo: Brasiliense.

RONDINELLI, Francisco; COLÓQUIO *"Os Mitos e Verdades da Energia Nuclear"* - Prof. Dr. Francisco Rondinelli, Coordenador Geral de Planejamento e Avaliação – CNEN - 25 de agosto de 2011, quinta-feira. Auditório Abrahão de Moraes, IFUSP. Palestra.

RUIZ, João Álvaro, 1996. *Metodologia científica: guia para eficiência nos estudos*. 4. ed. São Paulo: Atlas.

SANTOS, Antônio Raimundo dos, 1999. *Metodologia científica: a construção do conhecimento*. Rio de Janeiro: DP & A.

SANTOS, M. C. L.; RODRIGUES, C. L. P., 1999. *Metodologias para a identificação de riscos - uma avaliação preliminar*.
Disponível em: <**www.abepro.org.br/biblioteca/ENEGEP1997_T2101.PDF**> Acesso em: 04 jan. 2013.

SAUER, M. E. L. J.; NETO, J. M. O., 1999. "Comunicação de risco na área nuclear". In: *VII Congresso Geral de Energia Nuclear*, Belo Horizonte: ABEN. pp. 27-30.

SCHAEFER, David R., and Don A. Dillman, 1998. "Developmente of a Standart E-mail Methodology". *Public Opinion Quarterly* v. 62, pp. 378-97.

SCHONLAU, M., R. D. Fricker e M. N. Elliott, 2002. *Conducting Research Surveys via E-mail and the Web*. Santa Monica, CA: Rand Corporation.

SELLTIZ, Claire *et al, 1974. Métodos de Pesquisa nas Relações Sociais*. Tradução de Dante Moreira Leite. São Paulo, E.P.U., pp. 687.

SILLS, Stephan J., and Chunyan Song, 2002. "Innovations in Survey Research: An Application of Web Surveys.". *Social Science Computer Review* v. 20, pp. 22-30.

SIMÕES, Roberto Porto, 1995. *Relações Públicas: Função Política*. 5. Ed. Ver. Ampl. – São Paulo: Summus.

SJÖBERG, L., 1998a. "Policy Implications of Risk Perception Research: A Case of the Emperor's New Clothes?" paper presented at *Risk Analysis: Opening the Process, organized by Society for Risk Analysis,* Europe, Paris, October pp. 11–14.

SJÖBERG, L., 1998b. "The Rise of Risk: Risk Related Bills Submitted to The Swedish Parliament in 1964–65 and 1993–95," *Journal of Risk Research* 1, pp. 191–195.

SJÖBERG, L., 1999. "Risk Perception by the Public and by Experts: A Dilemma in Risk Management", *Human Ecology Review* 6, pp. 1–9.

SJÖBERG, L, 2000. "Factors in Risk Perception". *Risk Analysis,* Vol. 20, Nº. 1. Disponível em:
<**www.dynam-it.com/lennart/attachments/118_factors_in_rp_risk_analysis.pdf**> Acesso em: 02 jan. 2013.

TRIVIÑOS, Augusto Nivaldo Silva, 1987. *Introdução à pesquisa em ciências sociais: a pesquisa qualitativa em educação*. São Paulo: Atlas.

VERA, Armando Asti, 1989. *Metodologia da pesquisa científica*. São Paulo: Globo.

VERGARA, Sylvia Constante, 1997. *Projetos e relatórios de pesquisa em administração*. São Paulo: Atlas.

WEYMAN, A.; KELLY, C. J., 1999. *Risk perception and risk communication: A review of the literature. and communication.*

WILLIAMSON, J.; WEYMAN, A, 2005. *Review of the public perception of risk, and stakeholder engagement.*

WNA, 2013 - World Nuclear Association. Disponível em: <**http://www.world-nuclear.org/info/Safety-and-Security/**> Acesso em: 24 mar. 2013.

YUN Jung Moon, 1999 - The Boston Collaborative Encyclopedia of Modern Western Theology. Disponível em: <**http://people.bu.edu/wwildman/bce/mwt_themes_770_niebuhrreinhold.htm**> Acesso em: 25 set. 2012.

ANEXO A – DIVULGAÇÃO DO QUESTIONÁRIO

Caros amigos e colegas,
 Gostaria de contar com a opinião de todos vocês sobre o tema: *<u>Energia Nuclear</u>*

O questionário contendo as perguntas, com múltiplas escolhas, está disponível em:

www.niltonmonteiro.com

Ao Clicar no texto " **Clique Aqui** ", você será direcionado para a página do questionário!

O tempo para a realização do questionário varia de **5** a **10 minutos**!

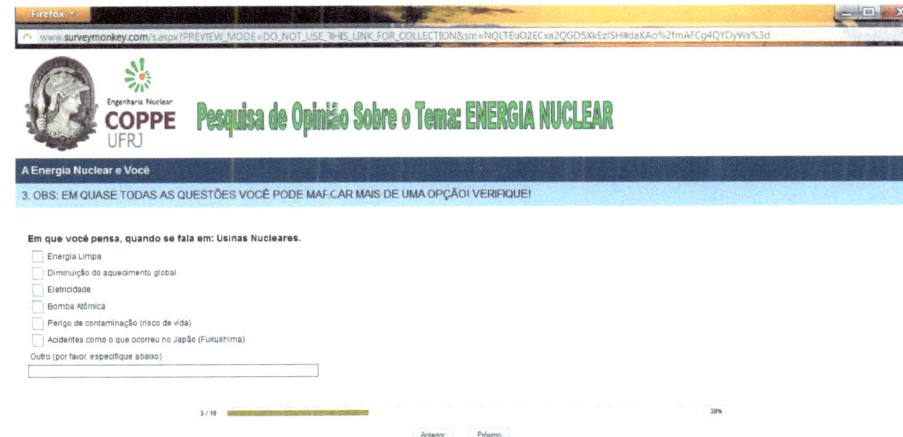

Este questionário é parte de um trabalho de mestrado da COPPE – UFRJ. Trata-se de um levantamento da opinião pública sobre algumas questões nucleares.

Lembrando que não existem respostas certas ou erradas, apenas dê sua opinião.

Desde já agradeço a atenção e colaboração.
Nilton A. Monteiro

ANEXO B – O QUESTIONÁRIO

Página 1 - Dados Demográficos

Sexo:
Masculino
Feminino

Idade:
Até 19 anos
20 – 24 anos
25 – 29 anos
30 – 34 anos
35 – 39 anos
40 – 50 anos
Mais que 51 anos

Reside atualmente no município ou na cidade de: (_____)

Indique o nível de escolaridade em que está inserido:
Ensino Médio incompleto
Ensino Médio completo
Graduação incompleta
Graduação completa
Pós Graduação (Especialização) incompleto
Pós Graduação (Especialização) completo
Mestrado incompleto

Mestrado completo
Doutorado incompleto
Doutorado completo
Outros

Marque o local em que estuda atualmente ou o último local onde obteve a sua habilitação de maior grau:
Colégio / Escola particular
Colégio / Escola pública
Universidade Particular
Universidade Pública Federal
Universidade Pública Estadual
Curso Superior em Escola Militar
Instituição Fora do País
Outros
Caso julgue necessário, cite o nome ou abreviação da instituição.

Através das áreas do conhecimento, citadas abaixo, indique o seu curso atual, ou o curso referente à área que tem maior afinidade.

Ciências Matemáticas e Naturais:
(Matemática, Física, Química, Probabilidade, Geologia, Estatística, Geofísica, Astronomia, Ciências Atmosféricas, Oceanografia, outro curso)

Engenharias e Computação:
(Engenharia Civil, Engenharia Mecânica, Engenharia de Minas, Engenharia de Materiais e Metalurgia, Engenharia Elétrica, Engenharia Biomédica, Computação, Mecatrônica e Robótica, Engenharia Química, Engenharia Sanitária, Engenharia de Produção, Engenharia Nuclear, Engenharia de Transportes, Engenharia Naval e Oceânica, Engenharia Aeroespacial, Engenharia Têxtil, Engenharia Cartográfica e

de Agrimensura, outro curso)

Ciências Biológicas:
(Biologia, Genética, Zoologia, Morfologia, Botânica, Fisiologia, Bioquímica, Microbiologia, Biofísica, Ecologia, Neurociências, Bioética, outro curso)

Ciências Médicas e da Saúde:
(Medicina, Farmácia, Odontologia, Enfermagem, Nutrição, Fonoaudiologia, Fisioterapia, Saúde Coletiva, Educação Física e Esportes, Saúde Pública, Farmacologia, Imunologia, Informática em Saúde, outro curso)

Ciências Agronômicas e Veterinárias:
(Agronomia, Medicina Veterinária, Zootecnia, Engenharia Agronômica, Recursos Florestais, Alimentos, outro curso)

Ciências Humanas:
(Filosofia, Geografia, Psicologia, Sociologia, Antropologia, Educação, Arqueologia, Ciência Política, História, Relações Internacionais, História do Conhecimento, Teologia, outro curso)

Ciências Socialmente Aplicáveis:
(Direito, Administração, Arquitetura e Urbanismo, Planejamento Urbano e Regional, Contabilidade, Economia, Desenho Industrial, Demografia, Ciência da Informação, Biblioteconomia, Arquivologia, Serviço Social, Museologia, Economia Doméstica, Turismo, Comunicação, outro curso)

Linguagens e Artes:
(Linguagem, Literatura, Línguas, Artes Cênicas, Artes Visuais, Música, Dança, outro curso)

Outras Opções:
(outros)

Página 2 - Questionário
(p2): Quais são as suas expectativas com relação:

Excelente   Boa   Regular   Ruim   Péssimas   N/A

À Melhoria da Educação no País
À Sua Qualidade de Vida
À redução do Aquecimento Global
À Utilização das Usinas Nucleares
para a Geração de Energia Elétrica
Ao Desenvolvimento do Brasil

Página 3 - Questionário
(p3): Em que você pensa, quando se fala em: USINAS NUCLEARES.
Energia Limpa
Diminuição do aquecimento global
Eletricidade
Bomba Atômica
Perigo de contaminação (risco de vida)
Acidentes como o que ocorreu no Japão (Fukushima)
Outros: _____

Página 4 - Questionário
(p4): Em sua opinião, quais são as opções que representariam as SUAS MAIORES PREOCUPAÇÕES, durante a construção, ou funcionamento rotineiro de uma USINA NUCLEAR instalada próxima a sua cidade:
A conservação das estradas e rodovias;
Oaumento desordenado da população;
Achance de ocorrer algum tipo de mutação nas espécies de animais que vivem próximas a região;
Aocorrência de novos acidentes como o de Fukushima

(Japão), ou de Chernobyl (**Ucrânia**);

Amelhoria da qualidade e da infraestrutura das escolas.

Aprobabilidade de desenvolver câncer no futuro devido à radiação que vem da usina;

Adesvalorização da região;

Apoluição dos gases lançados na atmosfera pela usina nuclear;

A oferta de empregos na cidade;

A garantia de energia elétrica;

O risco de o Brasil participar de uma guerra nuclear devido à construção da usina;

Nenhumas dessas opções representariam uma preocupação para mim.

Outros: _____

Página 5 - Questionário
(p5): Quais são os meios de informação que você utilizou para adquirir conhecimentos, sobre as usinas nucleares?

Televisão

Em sites Ambientalistas, como Greenpeace, a Fundação Boell e o WWF.

Por outros sites da internet

Revista científica

Em conversas com os amigos

No meio acadêmico (escola ou faculdade)

Livros didáticos

Em conversas com pessoas da família

Outros: _____

Página 6 - Questionário
P6(1ª): Caso você fosse consultado(a) pelo governo, para dar sua opinião sobre a construção de novas usinas nucleares para geração de eletricidade, qual a opção que você marcaria?

Sou a favor da construção, mesmo que perto da minha cidade.

Sou a favor da construção, porém não gostaria que fosse próxima a minha cidade.

Sou contra a construção de usinas nucleares no Brasil.

Sou contra a construção de usinas nucleares em todo o planeta.

Sou indiferente

P6(2ª): Caso a consulta fosse para dar sua opinião sobre a construção de outro tipo de usina para a geração de eletricidade, seja hidrelétrica, eólica, termelétrica "que não seja a usina nuclear", etc, qual a opção que você marcaria?

Sou a favor da construção, mesmo que perto da minha cidade.

Sou a favor da construção, porém não gostaria que fosse próxima a minha cidade.

Sou contra a construção de qualquer tipo de usina no Brasil.

Sou contra a construção de qualquer tipo de usina em todo o planeta.

Sou indiferente

P6(3ª): O recente acidente ocorrido no Japão, na cidade de Fukushima, o fez mudar de opinião quanto à utilização de Energia Nuclear para gerar eletricidade?

Certamente que sim.
Talvez sim.
Certamente que não.
Talvez não.
Não sei dizer.

Página 7 - Questionário

(p7): Em sua opinião, quais dos benefícios abaixo você gostaria que um empreendimento em geral, por exemplo:

uma indústria, seja ela de qualquer tipo, construída próxima a sua cidade trouxesse com ela?
 Investimentos na educação em toda a região.
 Melhorias nas estradas
 Garantia de energia elétrica
 Mais empregos em vários setores
 Investimentos em saúde na região
 Melhora na qualidade de vida
 Maior segurança
 Maiores investimentos quanto ao lazer próximo à cidade
 Nunca pensei sobre isso
 Outros: _____

Página 8 - Questionário
(p8): Ao tentar subir numa árvore para pegar uma fruta, ou então, ao ir à praia sem usar protetor solar, sabemos avaliar os prós e os contras, ou seja, os riscos e os benefícios. Em sua opinião, como você classificaria os riscos em relação às palavras abaixo:

Muito Alto Alto Médio Baixo Muito baixo N/A
 Voar de Avião
 Funcionamento de uma Usina Nuclear
 Exploração de Petróleo
 Funcionamento de uma Usina Hidrelétrica
 Viajar de Carro

Página 9 - Questionário
(p9): Em sua opinião, quais desses grupos possuem boa credibilidade, ou seja, são confiáveis para falar sobre usinas nucleares, energia nuclear e suas tecnologias:
 Ambientalistas
 Jornalistas
 Artistas da TV

Pessoas do Governo
Representantes da Usina
Trabalhadores da Usina
Professores Universitários da Área
Membros do Governo
CNEN – Comissão Nacional de energia Nuclear
MCT – Ministério de Ciências e Tecnologias
O Presidente da República
Estrangeiros que fazem uso dessas tecnologias
Outros: _____

Página 10 - Questionário

P10(1ª): Em sua opinião, quais os melhores meios para melhorar a divulgação de informações a respeito da energia nuclear?

Revistas
Internet
Por um rosto conhecido da TV em horário nobre (propagandas)
Por um profissional especializado da área
Nas aulas na universidade
No teatro
No cinema
Em campanhas de conscientização pela TV
Em jogos educativos
Em movimentos estudantis
Informativos humorados em camisetas e em estabelecimentos comerciais
Em todos os meios de comunicação desde que assessorados pelos órgãos competentes do setor nuclear.
Outros: _____

P10(2ª): Em sua opinião, por que você acha que a ener-

gia nuclear causa tanto medo às pessoas?

Por ela ser invisível

Devido à bomba atômica

Pelos acidentes ocorridos em usinas nucleares

Devido às pessoas não possuírem muitas informações a respeito

Devido ao seu alto poder de energia e do difícil controle de sua utilização

Outros: _____

P10(3ª): Em sua opinião, qual desses símbolos representa a presença de radiação?

Imagem 1   Imagem 2   Imagem 3   Imagem 4

Imagem 5   Imagem 6   Imagem 7   Imagem 8

Imagem 9 Imagem 10 Imagem 11

---

[1] Ao total de Reatores em Operação foram somadas seis unidades referentes a Taiwan. Agência Internacional de Energia Atômica - AIEA.

[2] **www.news.iaea.org** (adaptado para o português).

[3] Projeto Inter-Meios. Disponível em: **http://www.projetointermeios.com.br/relatorios/rel_investimento_3_0.xls**

[4] Projeto Inter-Meios. Disponível em: **http://www.projetointermeios.com.br/relatorios/rel_investimento_3_0.xls**

[5] Questionário online disponível em: **https://www.surveymonkey.com/s/A_Energia_Nuclear_E_Voce**

[6] O termo "meios de comunicação" está sendo utilizado para definir todos os meios de divulgação da informação tais como: jornais, revistas, trocas entre professores e alunos etc.

www.ingramcontent.com/pod-product-compliance
Lightning Source LLC
Chambersburg PA
CBHW040314220526
45473CB00009B/2430